Stephan Kaufmann

Mathematica –
kurz und bündig

Birkhäuser Verlag
Basel · Boston · Berlin

Autor:

Stephan Kaufmann
Mechanik
ETH Zentrum
CH-8092 Zürich

E-mail: kaufmann@ifm.mavt.ethz.ch
Homepage: http://www.ifm.ethz.ch/~Kaufmann

1991 Mathematics Subject Classification 00-01

Deutsche Bibliothek Cataloging-in-Publication Data

Mathematica – kurz und bündig [Medienkombination] / Stephan
Kaufmann. - Basel ; Boston ; Berlin : Birkhäuser
     ISBN 3-7643-6008-9

© 1998 Birkhäuser Verlag, Postfach 133, CH-4010 Basel, Schweiz
Umschlaggestaltung: Markus Etterich, Basel
Gedruckt auf säurefreiem Papier, hergestellt aus chlorfrei gebleichtem Zellstoff. TCF ∞
Additional material to this book can be downloaded from http://extras.springer.com
ISBN 3-7643-6008-9

9 8 7 6 5 4 3 2 1

■ Inhaltsverzeichnis

■ Vorwort

● Zum Programm Mathematica

Mathematica vereinigt unter anderem die folgenden Fähigkeiten in einer einheitlichen, interaktiven Umgebung:
• Eingabe und Darstellung von mathematischen Formeln,
• numerisches Rechnen,
• symbolisches Rechnen,
• Grafen von Funktionen,
• Höhenlinien und Dichtegrafiken,
• parametrische Darstellungen von Kurven und Flächen,
• Aufbau von Grafiken aus elementaren Objekten,
• Animation von Grafiken,
• Listenverarbeitung,
• Mustererkennung,
• funktionale, prozedurale und regelbasierte Programmierung,
• hierarchische Strukturierung von Dokumenten.
Es handelt sich also um ein ideales Werkzeug für Leute, die bei ihrer Arbeit reine oder angewandte Mathematik, Grafik oder Programmierung brauchen.

Das Programm ist auf allen gängigen Computer-Plattformen erhältlich. Dank des einheitlichen Dateiformats ist es auch ein praktisches Medium zum elektronischen Austausch von Berichten oder Publikationen, welche Formeln und Grafiken enthalten. *Mathematica*-Dateien, sogenannte *Notebooks*, lassen sich auch direkt in HTML-Format abspeichern und so einfach auf dem World Wide Web publizieren.

Mathematica hat die Eigenschaft, daß man damit sehr rasch einfache Probleme lösen kann, wie zum Beispiel Integrale ausrechnen oder Funktionsgrafen zeichnen. Um aber das mächtige Werkzeug wirklich effizient einzusetzen, braucht es einige Grundkenntnisse über die Fähigkeiten der Benutzerschnittstelle und über die Syntax der *Mathematica*-Ausdrücke. Ohne diese Kenntnisse verhält man sich wie ein Autofahrer, der noch nicht gemerkt hat, daß sein Fahrzeug außer dem ersten noch weitere Gänge hat und daß es sinnvoll ist, einige Verkehrsregeln einzuhalten. Es ist in beiden Fällen nicht der beste Weg, sich diese Kenntnisse durch reines Ausprobieren zu erarbeiten.

- **Ziel dieser Einführung in das Programm**

Dieses Buch und die zugehörigen *Mathematica*-Notebooks auf der CD-ROM vermitteln die *Mathematica*-Grundkenntnisse in knapper Form. Dabei werden die Benutzerschnittstelle (*Front End*), die eigentliche Rechenmaschine (*Kernel*) und einige zuladbare Pakete besprochen. Danach wird es für den Leser oder die Leserin ein leichtes sein, selbständig mit dem Programm zu arbeiten und in der elektronischen Dokumentation die benötigten Funktionen zu finden. Die Beispiele sind auf einem einfachen mathematischen Niveau und weitgehend unabhängig von speziellen technischen oder naturwissenschaftlichen Anwendungen. Das Schwergewicht liegt auf der Lösung von oft vorkommenden Problemstellungen (Gleichungen, Integrale etc.) und auf grafischen Visualisierungen.

Je nach den Interessen und Bedürfnissen des Lesers oder der Leserin kann es ausreichen, die ersten zwei Teile der Einführung zu bearbeiten. Damit beherrscht man die wichtigsten Rechnungen und Grafik-Funktionen. Der dritte Teil behandelt speziellere Techniken, der vierte bildet einen Einstieg in die Programmierung mit *Mathematica*.

- **Buch und CD-ROM**

Das Buch ist im wesentlichen ein direkter Ausdruck der entsprechenden *Mathematica*-Notebooks auf der CD-ROM. Dabei gingen allerdings einige Dinge verloren, nämlich die Farben, die Animationen von Grafiken und die Hyperlinks mit Verweisen innerhalb des Buches, auf die elektronische Dokumentation von *Mathematica* und auf Web-Seiten.

Wieso also überhaupt ein Buch? Bücher sind immer noch das ergonomischste Medium zum sequentiellen Studium von Text, und sie sind heute meist noch leichter als Notebook-Computer.

- **Was diese Einführung nicht ist**

Diese Einführung ist weder vollständig noch ein Nachschlagewerk. Deshalb enthalten die vier eigentlichen Teile des Buches keine Zusammenfassungen der besprochenen *Mathematica*-Befehle. In den Notebooks auf der CD-ROM gibt es aber Hyperlinks auf die immer aktuelle, elektronische Dokumentation der Befehle.

Bei einer vollständigen Installation des Programms ist das 1403-seitige Dokumentationsbuch »The *Mathematica* Book« von Stephen Wolfram ebenfalls »on-line«. Dieses Buch ist vielleicht die erste Ausnahme zur Regel aus dem obigen Abschnitt: Wegen seines durchaus mit einem Laptop-Computer vergleichbaren Gewichts und Formats ist die elektronische Version mit den vielen nützlichen Hyperlinks meist praktischer als die gedruckte.

• Organisation

Die *Einleitung* umfaßt einen kurzen Überblick über die Fähigkeiten von *Mathematica* und – für Minimalisten – eine Zusammenfassung der allerwichtigsten Befehle. Die vier folgenden Teile bauen aufeinander auf. Sie sollten deshalb in der gegebenen Reihenfolge bearbeitet werden. Es ist aber keinesfalls zwingend, sogleich alles durchzuarbeiten. Mit den Methoden der ersten zwei Teile kann lassen sich schon viele Probleme lösen. Vielleicht ergibt sich erst später, bei der Arbeit mit dem Programm, das Bedürfnis zu einer weiteren Vertiefung.

Der *erste Teil* führt in die wichtigsten Fähigkeiten der Benutzerschnittstelle (*Front End*) ein und erklärt die verschiedenen Möglichkeiten zum Erstellen von *Mathematica*-Eingaben und Formeln. Anschließend wird an Hand von Beispielen gezeigt, wie man die gängigsten Aufgaben anpackt: numerische Berechnungen, Manipulation von Formeln, Lösung von Gleichungen und Differentialgleichungen, Berechnung von Grenzwerten, Ableitungen und Integralen.

Im *zweiten Teil* wird ein besonders attraktiver Aspekt des Programms besprochen: Grafen von Funktionen und parametrische Darstellungen von Kurven und Flächen. Viele zugehörige Funktionen sind im *Mathematica*-Kernel eingebaut, weitere nützliche Werkzeuge als *Standard-Pakete* zuladbar.

Der *dritte Teil* behandelt zuerst Listen. Mit ihnen werden Vektoren und Matrizen dargestellt; sie kommen aber auch in vielen *Mathematica*-Funktionen als Argumente oder Resultate vor und strukturieren Daten in einfacher Weise. In diesem Zusammenhang werden auch Abbildungen von Funktionen auf Listen und einfache Rechnungen der Linearen Algebra behandelt. Mit Listen kann man Grafiken aus Grafik-Elementen (Linien, Kreise etc.) zusammenstellen. Sequenzen von Grafiken lassen sich sofort auch animieren.

Der *vierte Teil* richtet sich an Benutzerinnen und Benutzer, die *Mathematica* vertiefter kennen und verstehen lernen möchten. Er bildet den Ausgangspunkt zur selbständigen Entwicklung von komplizierteren Programmen. Die ersten drei Kapitel widmen sich dem Aufbau und der Auswertung von *Mathematica*-Ausdrücken. Auf diesen Kenntnissen aufbauend, werden dann die verschiedenen möglichen Programmierstile und die Hilfsmittel zu ihrer Verwendung erarbeitet. Am Schluß finden sich Einstiegspunkte zu weiteren Informationen: Seiten im World Wide Web und eine Übersicht über die deutsche Literatur.

Zu einigen Kapiteln gibt es *Vertiefungsabschnitte*. Sie enthalten speziellere Funktionen und Techniken und können bei der ersten Lektüre weggelassen werden.

Die *Übungsaufgaben* sind bewußt einfach gehalten. Sie sollen die Leserinnen und Leser animieren, ohne großen mathematischen Ballast die Kenntnisse des Programms zu festigen. Die idealen Übungsbeispiele finden sich nicht im Buch – sie ergeben sich aus der

Arbeit des Lesers oder der Leserin. Da gibt es sicher viele Problemstellungen, welche sich mit *Mathematica* lösen lassen. Versuchen Sie es!

● **Tips zur Arbeit**

Am besten werden die Notebooks direkt mit *Mathematica* auf dem Computer bearbeitet. Wer das volle Programm nicht besitzt, kann zum Betrachten der Notebooks (und der Animationen) das auf der CD-ROM beiliegende Programm *MathReader* verwenden. Es handelt sich dabei um eine reduzierte Version von *Mathematica*, mit der man zwar nicht rechnen kann, die aber trotzdem einen ersten Eindruck von der *Mathematica*-Welt vermittelt.

Bei der Arbeit mit der Vollversion verwendet man am besten die Dateien im Verzeichnis Nur-in, bei der Arbeit mit *MathReader* diejenigen im Verzeichnis In-out (siehe Abschnitt »Die Dateien auf der CD-ROM«).

Dabei muß man wissen, daß sich Zellgruppen (sie werden auf der rechten Seite des Bildschirm-Fensters mit Klammern angedeutet) durch Doppelklick auf die Zellklammer oder durch die Befehle im Menü **Cell > Cell Grouping** öffnen und schließen lassen.

Mit dem Menü **Format > Magnification** kann die Vergrößerung am Bildschirm auf einen individuellen Kompromiß zwischen einfacher Lesbarkeit und Übersichtlichkeit eingestellt werden. Dabei werden die Grafiken vorerst grob skaliert. Der Befehl **Cell > Rerender Graphics** liefert wieder klare Bilder.

Am Computer kann man auch die Hyperlinks verfolgen, um Dokumentationen von eingebauten Funktionen einzusehen oder in einen anderen Abschnitt des Buches zu springen. Dabei ist das Menü **Find > Go Back** nützlich; es führt wieder an den Ausgangspunkt des letzten Hyperlinks zurück. Je nach Version und Installationsoptionen von *Mathematica* sind gewisse Links inaktiv. Die Links im Inhaltsverzeichnis und im Sachverzeichnis können für die Navigation zwischen den verschiedenen Notebooks nützlich sein.

Am besten beginnt man mit den Beispielen im Kapitel »Eine kurze Tour« (Datei Einleitung.nb). Die Eingaben lassen sich in der Vollversion mit der <Enter>-Taste (oder <Shift> und <Return>) auswerten. Hier und während der ganzen Arbeit sollte man die Beispiele auch abändern, um die Möglichkeiten und Grenzen des Programms auszuloten und sich an die Syntax zu gewöhnen.

Dabei wird rasch klar, daß man mit den Befehlen aus der »Tour« zwar einiges erreichen kann, vieles aber noch unklar bleibt. Dies liefert die Motivation zu einem systematischeren und vertieferen Studium des Programms durch Bearbeiten der weiteren Teile dieser Einführung.

• Die Dateien auf der CD-ROM

Die CD-ROM kann unter MacOS, Windows 95/98/NT oder UNIX verwendet werden. Sie enthält die dem Buch entsprechenden *Mathematica*-Notebooks in verschiedenen Versionen sowie (für MacOS und Windows) das Programm *MathReader*, mit dem die Notebooks und die Animationen angesehen, aber nicht verändert, werden können.

Die Datei Info.txt enthält aktuelle Informationen.

Die eigentlichen Notebooks sind gemäß ihrem Inhalt betitelt:
• Inhaltsverzeichnis.nb,
• Einleitung.nb,
• Teil-1.nb bis Teil-4.nb,
• Sachverzeichnis.nb.

Sie sind in zwei Versionen abgelegt: mit und ohne die *Mathematica*-Ausgaben. Die Dateien mit den Ausgaben (Verzeichnis In-out) sind, vor allem wegen der Grafiken, wesentlich größer als diejenigen ohne (Verzeichnis Nur-in).

Wer mit der Vollversion von *Mathematica* arbeitet, verwendet am besten die Notebooks, bei welchen nur die Eingaben und keine Ausgaben vorhanden sind (Verzeichnis Nur-in). Mit der <Enter>-Taste (oder <Shift> und <Return>) kann jede Eingabezelle ausgewertet werden.

Die Dateien im Verzeichnis In-out enthalten alle Ein- und Ausgaben. Sie sind zum Betrachten mit dem *MathReader*-Programm vorgesehen.

Vor allem der zweite und dritte Teil beinhalten eine große Anzahl von Grafiken. Je nach Vergrößerung und Zahl der schon betrachteten Grafiken und Animationen benötigt *Mathematica* bzw. *MathReader* erheblichen Speicherplatz. Deshalb ist es empfehlenswert, jeweils nur ein Notebook offen zu halten. Auf Computern mit statischer Speicherzuordnung (Macintosh) sollte *Mathematica* bzw. *MathReader* ein möglichst großer Speicherbereich zugeordnet werden. Dabei muß zwischen den Anforderungen des Front End (*Mathematica*) und des Kerns (*MathKernel*) ein günstiger Kompromiß gefunden werden.

• Auf dem World Wide Web verfügbare Informationen zum Buch

Aktuelle Informationen und eventuelle Korrekturen zum Buch und den Dateien auf der CD-ROM können auf dem Web unter der Adresse http://www.ifm.ethz.ch/~kaufmann/ abgerufen werden.

• Technische Informationen

Die Notebooks wurden mit *Mathematica* 3.0.1 auf einem PowerMacintosh 8600/200 geschrieben und ausgewertet. Der Beginn einer neuen Kernel-Sitzung ist jeweils aus der Numerierung der Eingaben (In[...]) ersichtlich.

Mit einer Testversion von *Mathematica* 3.5 (sie enthält die Möglichkeit der automatischen Trennung) wurden direkt aus den Notebooks Postscript-Dateien erzeugt und zur Belichtung verwendet.

Die Formatierungen beruhen auf einem *Style Sheet*, welches von den Vorgabewerten (**Format > Style Sheet > Default**) ausgeht und einige zusätzliche Titel- und Textstile definiert.

Der einzige Unterschied zu den Vorgabewerten des Kernels ist eine Neudefinition von $DefaultFont, mit der für die Grafiken eine kleinere Textgröße eingestellt wurde. Die zugehörige Definition lautet:

```
$DefaultFont = {"Courier", 9}
```

Sie wurde in der Datei init.m im Unterverzeichnis Configuration/Kernel des *Mathematica*-Installationsverzeichnisses angefügt.

Mit Hilfe des **Option Inspector** (Menü **Format**) wurde in den als Druckvorlage dienenden Notebooks für die normalen Grafiken die ImageSize auf 250×250 Punkte und für die kleineren Grafiken (Vertiefung, Übungen) auf 220×220 Punkte eingestellt. Weitere Veränderungen von ImageSize sind direkt in die entsprechenden Grafikbefehle eingefügt und können bei der Arbeit an den Notebooks auch entfernt werden.

Bei den Notebooks im Verzeichnis In-out (siehe »Die Dateien auf der CD-ROM«) ist mit dem **Option Inspector** die Option CellLabelAutoDelete auf False gestellt, damit die Nummern der Input- und Output-Zellen beim Speichern erhalten bleiben.

Das Sachverzeichnis wurde mit einer Testversion des *AuthorTools*-Pakets von Wolfram Research erzeugt (und mit einem eigenen »Hack« in zweispaltige Form gebracht).

• Danksagungen

Viele Leute haben zum Gelingen dieses Projekts beigetragen und verdienen meinen herzlichen Dank:

• Dr. Thomas Hintermann und der Birkhäuser Verlag durch ihr spontanes Interesse und die effiziente Realisierung,

• meine Frau Brigitta durch ihre Liebe und Kraft im verflixten Jahr 1998 und die Korrektur des Manuskripts,

• Tobias Leutenegger und Frank May durch die Verbesserung von vielen Fehlern,

• Dianne Littwin, Jamie Peterson und Andre Kuzniarek von Wolfram Research durch ihre Hilfe im Zusammenhang mit *MathReader*, *AuthorTools* und Testversionen von *Mathematica*,

• Prof. Mahir Sayir durch seine weitsichtige und liberale Führung des Instituts für Mechanik, welche die Motivation und den Freiraum für solche Arbeiten schafft,

• Prof. Jürg Dual und die anderen »jungen Professoren« der Abteilung für Maschinenbau und Verfahrenstechnik der ETH durch die Lancierung der »Ingenieur-Tools«-Kurse, deren Teil »Software für Symbolische Mathematik« ich leiten durfte, woraus die Notebooks entstanden sind,

• Prof. Urs Stammbach durch wertvolle Anregungen und seine Vertiefungsgruppe, aus der ich Studierende für die Betreuung des Kurses rekrutieren konnte,

• die zweitsemestrigen Studierenden der Abteilungen IIIA und IIID der ETH, welche im Frühjahr 1998 aktiv am Kurs teilgenommen haben.

■ Eine kurze Tour

Dieser Abschnitt zeigt an Hand einfacher Beispiele die wichtigsten Fähigkeiten von *Mathematica*.

■ Eingabe von Formeln

Formeln können mit verschiedenen Techniken eingegeben werden, zum Beispiel mit Paletten oder durch Befehle in der sogenannten `InputForm`.

■ Eingabe mittels Paletten

Das Menü **File > Palettes > BasicInput** bringt eine Palette mit den einfachsten Formeln auf den Bildschirm. Damit erzeugen wir zum Beispiel einen Exponenten.

$\square^{\square}$

Nun tippen wir 2 ein.

$2^{\square}$

Mit der Tabulator-Taste springen wir zum nächsten Platzhalter und tippen 3 ein.

2^3

Durch Drücken der <Enter>-Taste (oder gleichzeitig <Shift> und <Return>: SHIFT RET) wird die Eingabezelle ausgewertet.

In[1]:= 2^3

Out[1]= 8

■ Eingabe über die Tastatur

Der Exponent kann auch mit dem ^-Zeichen geschrieben werden. Damit erhalten wir eine äquivalente Eingabe, allein über die Tastatur.

In[2]:= 2 ^ 3

Out[2]= 8

Auch die »zweidimensionale« Schreibweise 2^3 können wir allein mit der Tastatur erzeugen. Dazu tippen wir 2 CTRL ^ 3.

In[3]:= 2^3

Out[3]= 8

■ Numerische Rechnungen

Mathematica ist vorerst ein teurer Taschenrechner, der aber einiges leistet.

■ Arithmetik mit ganzen Zahlen

Wir können mit beliebig großen ganzen oder rationalen Zahlen exakt rechnen.

In[4]:= 2^{512}

Out[4]= 134078079299425970995740249982058461274793658205923933777235·
614437217640300073546976801874298166903427690031858186486050·
853753882811946569946433649006084096

In[5]:= 2 ^ 10 / 10 ^ 3

Out[5]= $\dfrac{128}{125}$

■ Arithmetik mit approximierten Zahlen

Numerische Approximationen von Zahlen sind mit beliebiger Genauigkeit möglich.

In[6]:= **N**[π, **200**]

Out[6]= 3.1415926535897932384626433832795028841971693993751058209749·
44592307816406286208998628034825342117067982148086513282306·
64709384460955058223172535940812848111745028410270193852110·
55596446229489549303820

■ Arithmetik mit komplexen Zahlen

Mit Hilfe der imaginären Einheit I (oder *i*) schreiben wir komplexe Zahlen.

In[7]:= **(1 + 3 I) ^ 2**

Out[7]= −8 + 6 I

■ Symbolische Rechnungen

Durch Verwendung von Symbolnamen statt Zahlen erhalten wir Formeln, mit denen wir wie »von Hand« rechnen.

■ Polynome

Dies ist ein Polynom in drei Variablen:

In[8]:= **(a + b + c) ^ 5**

Out[8]= $(a + b + c)^5$

Mit dem Befehl Expand wird es ausmultipliziert.

In[9]:= **Expand[(a + b + c) ^ 5]**

Out[9]= $a^5 + 5\,a^4\,b + 10\,a^3\,b^2 + 10\,a^2\,b^3 + 5\,a\,b^4 + b^5 + 5\,a^4\,c + 20\,a^3\,b\,c +$
$30\,a^2\,b^2\,c + 20\,a\,b^3\,c + 5\,b^4\,c + 10\,a^3\,c^2 + 30\,a^2\,b\,c^2 + 30\,a\,b^2\,c^2 +$
$10\,b^3\,c^2 + 10\,a^2\,c^3 + 20\,a\,b\,c^3 + 10\,b^2\,c^3 + 5\,a\,c^4 + 5\,b\,c^4 + c^5$

■ Gleichungen

So lösen wir die Gleichung $x^3 + x^2 - x + 1 = 0$ nach x auf:

In[10]:= **Solve[$x^3 + x^2 - x + 1 == 0$, x]**

Out[10]= $\left\{ \left\{ x \to -\dfrac{1}{3} - \dfrac{4}{3\,(19 - 3\,\sqrt{33}\,)^{1/3}} - \dfrac{1}{3}\,(19 - 3\,\sqrt{33}\,)^{1/3} \right\}, \right.$

$\left\{ x \to -\dfrac{1}{3} + \dfrac{2\,(1 + I\,\sqrt{3}\,)}{3\,(19 - 3\,\sqrt{33}\,)^{1/3}} + \dfrac{1}{6}\,(1 - I\,\sqrt{3}\,)\,(19 - 3\,\sqrt{33}\,)^{1/3} \right\},$

$\left. \left\{ x \to -\dfrac{1}{3} + \dfrac{2\,(1 - I\,\sqrt{3}\,)}{3\,(19 - 3\,\sqrt{33}\,)^{1/3}} + \dfrac{1}{6}\,(1 + I\,\sqrt{3}\,)\,(19 - 3\,\sqrt{33}\,)^{1/3} \right\} \right\}$

Bei transzendenten Gleichungen erhalten wir mit FindRoot wenigstens eine numerische Approximation der Lösung ermitteln.

In[11]:= **FindRoot[Sin[x] + 1 == x, {x, 2}]**

Out[11]= $\{x \to 1.93456\}$

■ Ableitungen

Der folgende Befehl berechnet die Ableitung von $x^{\sin(x^{\cos(x)})}$ nach x.

In[12]:= **D[x^Sin[x^Cos[x]], x]**

Out[12]= $x^{Sin[x^{Cos[x]}]} Cos[x^{Cos[x]}] Log[x]$
$(x^{-1+Cos[x]} Cos[x] - x^{Cos[x]} Log[x] Sin[x]) + x^{-1+Sin[x^{Cos[x]}]} Sin[x^{Cos[x]}]$

■ **Integrale**

Nun erzeugen wir mit der Vorlage aus der Palette **BasicInput** ein Integral und berechnen es.

In[13]:= $\int \dfrac{1 + x^2 + x^3 - 3 x^5}{(1 + x - x^2)^2} dx$

Out[13]= $-6 x - \dfrac{3 x^2}{2} + \dfrac{6 (3 + 4 x)}{5 (-1 - x + x^2)} +$

$\dfrac{152 \operatorname{ArcTanh}\left[\frac{-1+2 x}{\sqrt{5}}\right]}{5 \sqrt{5}} - 7 Log[-1 - x + x^2]$

Dies ist eine andere Schreibweise für Integrale:

In[14]:= **Integrate[Sin[x]^3 Cos[x]^2 Exp[x], x]**

Out[14]= $\dfrac{1}{2080}$ $(E^x (-130 Cos[x] - 39 Cos[3 x] +$
$25 Cos[5 x] + 130 Sin[x] + 13 Sin[3 x] - 5 Sin[5 x]))$

■ Grafik

Mit verschiedenen Grafik-Befehlen visualisieren wir mathematische Abbildungen (und auch Daten) in fast allen denkbaren Arten.

■ Zweidimensionale Grafiken

Wir zeichnen zuerst den Grafen der Funktion $x \rightarrow \frac{x^2-x+3}{x^3-2 x^2-1}$ im Intervall [-10,10].

In[15]:= **Plot** $\left[\dfrac{x^2 - x + 3}{x^3 - 2\,x^2 - 1}, \{x, -10, 10\} \right]$

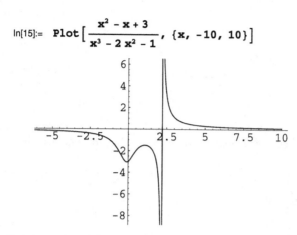

Out[15]= - Graphics -

Mit einer Parameterdarstellung erhalten wir eine Spirale:

In[16]:= **ParametricPlot** $[\{\varphi\,\mathbf{Cos}\,[\varphi], \varphi\,\mathbf{Sin}\,[\varphi]\}, \{\varphi, 0, 2\,\pi\}]$

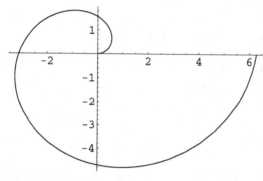

Out[16]= - Graphics -

▪ Dreidimensionale Grafiken

Der folgende Befehl erzeugt den Grafen der Funktion $(x, y) \rightarrow \sin(x\,y)$.

In[17]:= **Plot3D[Sin[x*y], {x, 0, 2*Pi}, {y, 0, 2*Pi}]**

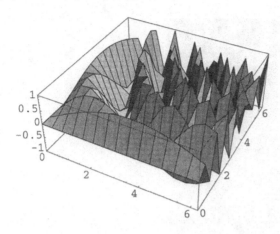

Out[17]= - SurfaceGraphics -

Natürlich lassen sich die Zacken glätten. Wir erhöhen die Anzahl der berechneten Funktionswerte und schreiben die Eingabe in einer etwas eleganteren Form:

In[18]:= **Plot3D[Sin[x y], {x, 0, 2 π}, {y, 0, 2 π}, PlotPoints → 40]**

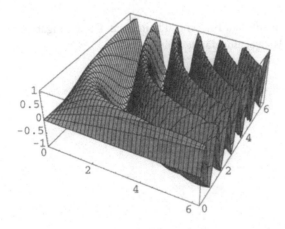

Out[18]= - SurfaceGraphics -

Funktionen von zwei Variablen können auch durch Darstellung ihrer Höhenlinien visualisiert werden.

In[19]:= **ContourPlot[$x^2 - y^2$, {x, -2, 2}, {y, -2, 2}, PlotPoints → 30]**

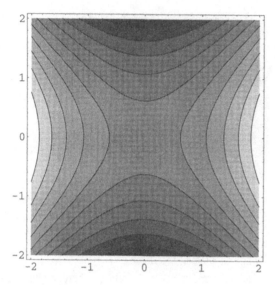

Out[19]= - ContourGraphics -

▪ Animierte Grafiken

Sequenzen von Grafiken lassen sich auf dem Bildschirm animieren. Diese Eingabe erzeugt eine Folge von Grafiken mit jeweils zwei eingefärbten Linien:

```
In[20]:= Table[Show[Graphics[
                {Thickness[.05],
                   {Hue[t/π], Line[
                {-{Cos[t], Sin[t]}, {Cos[t], Sin[t]}}]]}, {Hue[t/π + 1/2],
                   Line[{{-Sin[t], Cos[t]}, {Sin[t], -Cos[t]}}]]}}],
               PlotRange → {{-1, 1}, {-1, 1}},
               AspectRatio → Automatic,
               ImageSize → 150],
          {t, 0, π/2 - π/30, π/30}];
```

Nach einem Doppelklick auf eine der Grafiken dreht sich das Kreuz auf dem Bildschirm. Im Buch erscheint nur die erste Lage, dafür zeigt die folgende Grafik alle 15 Lagen als statisches Bild.

```
In[21]:= Show[GraphicsArray[Partition[%, 5]]]
```

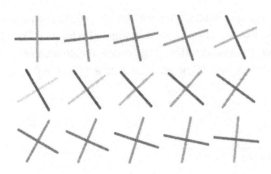

Out[21]= - GraphicsArray -

■ Programmierung

Mathematica ist eine mächtige Programmierhochsprache, die neben dem herkömmlichen prozeduralen Programmierstil auch funktionale oder regelbasierte Programmierung unterstützt.

Wir betrachten als Beispiel ein Programm zur rekursiven Berechnung von Fakultäten. Dazu genügen die folgenden zwei Definitionen:

```
In[22]:=  fac[0] = 1;
          fac[n_] := n fac[n - 1]
```

Das Resultat für 100! ergibt sich zu

```
In[24]:=  fac[100]
```

```
Out[24]=  93326215443944152681699238856266700490715968264381621468592⁎
          63895217599993229915608941463976156518286253697920827223758⁎
          2511852109168640000000000000000000000000
```

und ist identisch mit demjenigen der eingebauten Fakultätsfunktion:

```
In[25]:=  100 !
```

```
Out[25]=  93326215443944152681699238856266700490715968264381621468592⁎
          63895217599993229915608941463976156518286253697920827223758⁎
          2511852109168640000000000000000000000000
```

■ Die wichtigsten Funktionen in einer Übersicht

Diese kurze Übersicht umfaßt nur knappe Beschreibungen der allerwichtigsten Funktionen. Die elektronische Dokumentation in *Mathematica* (siehe Abschnitt 1.2) enthält genauere und immer aktuelle Informationen zu allen eingebauten Funktionen. Auf dem Bildschirm erscheinen die Funktionsnamen als Hyperlinks, welche auf die entsprechenden Dokumentationen zeigen.

■ Numerische Approximationen

$N[x]$	numerische Approximation eines Ausdrucks
$N[x, n]$	numerische Approximation mit n Stellen

■ **Konstanten**

Pi	Kreiszahl
E	Eulersche Konstante
I	imaginäre Einheit

■ **Elementare Funktionen**

Sqrt[x]	Quadratwurzel
Exp[x], Log[x]	Exponentialfunktion, natürlicher Logarithmus
Sin[x], Cos[x], Tan[x]	trigonometrische Funktionen
Sinh[x], ...	hyperbolische Funktionen
ArcSin[x], ...	inverse trigonometrische Funktionen
ArcSinh[x], ...	inverse hyperbolische Funktionen

■ **Manipulation von Ausdrücken**

Expand[x]	ausmultiplizieren
Factor[x]	faktorisieren
Simplify[x], FullSimplify[x]	vereinfachen

■ **Lösungen von Gleichungen**

Solve[$ls == rs$, x]	Gleichung $ls = rs$ nach x auflösen
Solve[{g_1, g_2, ...}, {x_1, x_2, ...}]	Gleichungssystem auflösen
FindRoot[g, {x, x_0}]	numerische Lösung einer Gleichung; Startwert x_0

■ **Analysis**

Limit[f, $x \rightarrow x_0$]	Grenzwert von f für $x \rightarrow x_0$
D[f, x]	Ableitung von f nach x
Integrate[f, x]	unbestimmtes Integral von f
Integrate[f, {x, x_{min}, x_{max}}]	bestimmtes Integral im Intervall $[x_{min}, x_{max}]$
DSolve[x'[t] == x[t], x[t], t]	Differentialgleichung $x'(t) = x(t)$ für $x(t)$ lösen

NDSolve[
  {x'[t] == x[t], x[0] == 1},
  x[t], {t, t_{min}, t_{max}}]
	Differentialgleichung $x'(t) = x(t)$
	mit Anfangsbedingung $x(0) = 1$ im Intervall
	$[t_{min}, t_{max}]$ numerisch lösen

- **Grafische Darstellungen**

Plot[f, {x, x_{min}, x_{max}}]	Graf einer Funktion von einer Variablen
Plot3D[f, {x, x_{min}, x_{max}}, {y, y_{min}, y_{max}}]	Graf einer Funktion von zwei Variablen
ContourPlot[f, {x, x_{min}, x_{max}}, {y, y_{min}, y_{max}}]	Höhenlinien des Grafen einer Funktion von zwei Variablen
ParametricPlot[{f_x, f_y}, {t, t_{min}, t_{max}}]	Parameterdarstellung einer Kurve in der Ebene
ParametricPlot3D[{f_x, f_y, f_z}, {t, t_{min}, t_{max}}]	Parameterdarstellung einer Kurve im Raum
ParametricPlot3D[{f_x, f_y, f_z}, {u, u_{min}, u_{max}}, {v, v_{min}, v_{max}}]	Parameterdarstellung einer Fläche im Raum

- **Tabellen und Matrizen**

Table[f, {i, i_{min}, i_{max}}]	Erzeugung einer Tabelle ; der Iterator i läuft von i_{min} bis i_{max} in Schritten von 1
Inverse[m]	Inverse einer Matrix
Det[m]	Determinante einer Matrix
m . n	Matrixprodukt

1. Teil: Grundlagen

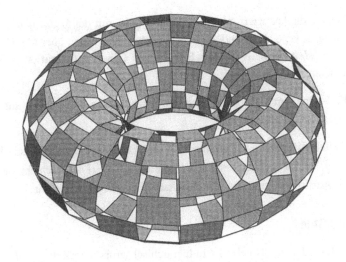

In diesem Teil werden die grundlegenden Kenntnisse erarbeitet: Aufbau des Programms, elektronische Dokumentation, Eingabevarianten sowie einfache numerische und symbolische Rechnungen.

■ 1.1 Aufbau des Programms

Mathematica besteht aus zwei Programmen, die unabhängig voneinander und sogar auf verschiedenen Computern laufen können. Wir bezeichnen sie mit den englischen Namen: *Front End* und *Kernel*.

■ 1.1.1 Front End

Das *Front End* ist die benutzerfreundliche Schnittstelle, mit der *Mathematica*-Dokumente, sogenannte *Notebooks*, erzeugt und verändert werden. Die vielen über Menüs verfügbaren Befehle sind im *Help Browser* (Menü **Help**) unter **Other Information > Menu Commands** dokumentiert.

Das Front End wird durch Doppelklicken der *Mathematica*-Ikone (oder mit dem Befehl `mathematica`) gestartet.

Für die eigentlichen Rechnungen nimmt das Front End (nach dem Drücken der <Enter>-Taste oder von SHIFT RET) eine Verbindung mit dem *Kernel* auf, schickt diesem die zu berechnenden Ausdrücke, empfängt die Resultate und stellt sie schön dar.

■ Zellen und Stile

Das Front End gliedert die Notebooks in hierarchisch gruppierte *Zellen* (*cells*). Die Zellen und ihre Gruppierungen werden durch die Klammern auf der rechten Seite des Notebooks angezeigt. Zellgruppen lassen sich durch Doppelklick auf die Klammer oder durch die Befehle im Menü **Cell > Cell Grouping** öffnen und schließen. Man erzeugt eine neue Zelle durch einen Klick zwischen zwei vorhandene Zellen (oder unter die letzte Zelle) und anschließendes Tippen.

Jede Zelle besitzt einen Stil (Menü **Format > Style**). Das Notebook benutzt vordefinierte Stile (**Format > Style Sheet**), die global oder nur für das betreffende Notebook verändert werden können (**Format > Edit Style Sheet...**). Im Standard-Stil-Notebook (**Default**) verfügt man unter anderem über eine Hierarchie von Titelstilen, Text in zwei Größen, Stile für Ein- und Ausgabezellen.

Normalerweise (**Cell > Cell Grouping** ist auf **Automatic Grouping** eingestellt) gliedert das Programm die Zellen automatisch sinnvoll gemäß ihrem Stil, indem es Zellen zwischen zwei Titeln, Untertiteln etc. in Gruppen zusammenfaßt.

▪ Vertiefung

● Zellen geeignet organisieren

Bei Textzellen beginnt man am besten für jeden Abschnitt eine neue Zelle.

Die Rechnungen werden am übersichtlichsten, wenn man die einzelnen Schritte (Ausdrücke) in einzelne Eingabezellen (Input) aufspaltet. Bei Bedarf ist es aber auch möglich, mehrere durch Strichpunkte unterteilte Ausdrücke in eine Zelle zusammenzufassen.

▪ Übungen

● Umgang mit dem Front End

Vergrößern oder verkleinern Sie dieses Notebook, um die Lesbarkeit und die Übersichtlichkeit zu optimieren (Menü **Format > Magnification**).

Öffnen Sie ein neues Notebook (**File > New**).

Schreiben Sie einen Titel in eine als Titel formatierte Zelle. Man kann entweder zuerst den Stil auswählen (Menü **Format > Style**) und dann tippen oder zuerst tippen (die Zelle wird als *Input* formatiert) und dann die Zellklammer anwählen und den Stil wechseln.

Schreiben Sie darunter eine Kapitelüberschrift in eine *Section*-Zelle. (Die Position der neuen Zelle wird mit einem Klick unter oder zwischen bestehende Zellen angegeben.)

Schreiben Sie darunter Text in eine Textzelle.

Schreiben Sie darunter eine neue Kapitelüberschrift in eine *Section*-Zelle.

Schreiben Sie darunter eine Eingabe (zum Beispiel 1+1).

Werten Sie die obige Zelle aus, indem Sie ⌇SHIFT⌇ ⌇RET⌇ oder <Enter> drücken.

Beachten Sie die automatische Gruppierung aller Zellen.

Öffnen und schließen Sie einige Zellgruppen.

Speichern Sie das Notebook als Datei ab (**File > Save As...**)

Wählen Sie einen anderen vordefinierten Stil (**Format > Style Sheet**) und beachten Sie die Veränderungen in der Darstellung.

▪ 1.1.2 Kernel

Der *Kernel* ist für die eigentlichen Rechnungen zuständig. Normalerweise bedient man ihn über das Front End. Er kann aber auch alleine gestartet werden (durch Doppelklick auf das Programmsymbol *MathKernel* oder mit dem Befehl math).

Bei der ersten Auswertung einer Eingabezelle mit <Enter>, ⌇SHIFT⌇ ⌇RET⌇ oder dem Befehl **Evaluate Cells** (Menü **Kernel > Evaluation**) wird ein Kernel gestartet und die automatische Numerierung der Input- und Output-Zellen beginnt bei 1. Im Verlauf einer Kernel-Sitzung werden üblicherweise auch Definitionen eingegeben. Diese bleiben, sofern sie nicht explizit gelöscht werden, bis zum Ende der Sitzung aktiv. Beim Verlassen des Kernels gehen sie aber verloren und sind in einer nächsten Sitzung erst nach der Auswertung der entsprechenden Zellen wieder aktiv.

Die Reihenfolge der ausgewerteten Zellen des Notebooks ist frei und muß nicht von oben nach unten erfolgen. Allerdings können sich dadurch Unterschiede zu einem in der natürlichen Reihenfolge (zum Beispiel mit dem Befehl **Kernel > Evaluation > Evaluate Notebook**) ausgewerteten Notebook ergeben.

Beim Öffnen eines neuen Notebooks wird mit dem gleichen Kernel weitergearbeitet, d.h., alle Definitionen bleiben aktiv. Bei Bedarf ist es möglich, weitere Kernel zu konfigurieren (**Kernel > Kernel Configuration Options > Add**) und zum Beispiel zu einem Notebook zu assoziieren (**Kernel > Notebooks Kernel**). Der Kernel kann auch auf einem anderen Computer laufen.

Beim Verlassen des Front End stoppen die Kernelprozesse automatisch. Bei Bedarf lassen sich einzelne Rechnungen abbrechen (**Kernel > Abort Evaluation**) oder ganze Kernel-Prozesse terminieren (**Kernel > Quit Kernel**).

▪ Vertiefung

● Verbindungen zwischen Front End und Kernel

Bei Bedarf können im Menü **Kernel** die Verbindungen zum Kernel von Hand definiert, gestartet sowie unter- oder abgebrochen werden.

Das für die Verbindung zwischen Front End und Kernel benutzte Protokoll heißt *MathLink*. Mit ihm kann auch zwischen »fremden« Programmen und *Mathematica* kommuniziert werden (siehe **Help > Add-ons > MathLink Library**).

▪ Übungen

● Berechnungen starten und abbrechen

Starten Sie die folgende endlose Berechnung:

```
While[True, 1]
```

Brechen Sie sie wieder ab.

● Kernel abbrechen

Starten Sie die Berechnung nochmals.

Brechen Sie den ganzen Kernel-Prozeß ab.

■ 1.2 Elektronische Dokumentation

Über das Menü **Help** sind verschiedene Hilfestellungen verfügbar. Neben Registrationsinformationen und Informationen über den letzten Pieps des Computers (**Why the Beep?...**) können wir das Dialogfenster des *Help Browsers* aufrufen. Dort finden wir Knöpfe zur groben Navigation in der elektronischen Dokumentation:

Built-in Functions: Eingebaute Funktionen, thematisch gegliedert.

Add-ons: Funktionen aus Paketen, die zugeladen werden können (siehe `Loading Packages`).

The Mathematica Book: Elektronische Version des (1403-seitigen) Buches von Stephen Wolfram. Dank der Hyperlinks ist es sehr nützlich.

Getting Started/Demos: Verschiedene Informationen und Demonstrationen. Es ist empfehlenswert, einen Blick darauf zu werfen.

Other Information: Front End-Menüs, Tastatur-Abkürzungen.

Master Index: Alphabetisch gegliederte Übersicht über alle eingebauten Funktionen.

Wir können entweder mit der Suchfunktion (Text eingeben, **Go To**-Knopf betätigen) oder über die thematische Hierarchie in den darunterliegenden Feldern zur gewünschten Information gelangen. Sehr nützlich ist auch die Möglichkeit, in irgendeinem Notebook Text zu selektieren und dann die Dokumentation dazu über das Menü **Help > Find in Help...** (oder > **Find Selected Function...**) abzurufen.

Nach einer unvollständigen Installation von *Mathematica* können Teile der Dokumentation fehlen (zum Beispiel das Buch, welches erheblichen Platz auf der Festplatte belegt).

■ Übungen

● Selbststudium

Öffnen Sie den *Help Browser*.

Studieren Sie die Organisation der **Built-in Functions**.

Beachten Sie die in den Text eingebundenen, durch Unterstreichung bezeichneten Hyperlinks. Via **Back**-Knopf oder Menü **Find > Go Back** gelangt man nach der Betätigung eines Hyperlinks wieder an den Ausgangspunkt zurück.

Werfen Sie einen Blick in das Kapitel »Mathematica as a Calculator« in der »Tour of Mathematica« (**Getting Started/Demos**).

Werfen Sie einen Blick in das Kapitel »Tour of *Mathematica* im Kapitel »Power Computing with Mathematica« des *Mathematica* Buches.

Studieren Sie die Dokumentation des Front End Befehls **Find > Find....**

Lesen Sie die Einleitung über die Arbeit mit Standard-Paketen (**Add-ons > Working with Add-ons > Loading Packages**).

- **Pakete**

In den mitgelieferten Standard-Paketen finden sich, zusätzlich zu den im Kernel eingebauten Funktionen, viele nützliche Werkzeuge. Um sie zu verwenden, muß zuerst das entsprechende Paket geladen werden.

Laden Sie das Paket `Miscellaneous`ChemicalElements``.

Wie groß ist das atomare Gewicht von Plutonium?

■ 1.3 Formeln

■ 1.3.1 Formate

Die Ein- und Ausgaben können im wesentlichen in drei Formaten dargestellt werden: `InputForm`, `StandardForm` und `TraditionalForm`.

In dieser Einführung wird je nach Situation `InputForm` oder `StandardForm` verwendet.

- **InputForm**

`InputForm` ist nützlich zur Eingabe mit der Tastatur. (In früheren Versionen von *Mathematica* war dies die einzige Art der Eingabe.) *Mathematica*-Funktionen werden mit ihrem Namen bezeichnet und ihre Argumente in eckige Klammern gesetzt. Die dabei einzuhaltenden Konventionen besprechen wir weiter unten.

Zum Beispiel sieht der Befehl zur Integration von $x\,(\sin x)$ in `InputForm` folgendermaßen aus:

```
Integrate[x Sin[x], x]
```

Die Dokumentationen im *Help Browser* sind in `InputForm` dargestellt.

■ **StandardForm**

StandardForm ist eine der üblichen mathematischen Schreibweise ähnlichere Darstellung, die aber – im Gegensatz zu TraditionalForm – trotzdem noch eindeutig ist. Integrale werden hier mit Integralzeichen geschrieben:

$$\int x\,\text{Sin}[x]\,dx$$

Eingaben in StandardForm können entweder mit Paletten oder speziellen Tastenkombinationen erzeugt werden, oder man verwandelt eine InputForm-Zelle in Standard-Form (Menü **Cell > Convert To > StandardForm**).

■ **TraditionalForm**

TraditionalForm lehnt sich stark an die normale mathematische Schreibweise an. Die Namen von mathematischen Funktionen wie »sin« werden klein und die Variablen kursiv geschrieben, die Argumente in runde Klammern gesetzt.

$$\int x\sin(x)\,d\,x$$

Leider beinhaltet diese Schreibweise viele Mehrdeutigkeiten, die sich in mathematischen Texten aus dem Zusammenhang oder aus impliziten Konventionen ergeben. Es ist meist klar, daß die Formel

$$a\,(b+c)$$

das Produkt der Größe a mit der Summen von b und c darstellen soll. Ebenso ist es üblich,

$$f(x)$$

für die Anwendung der Funktion f auf das Argument x zu schreiben. Was bedeutet nun aber die folgende Formel:

$$f(b+c)$$

Ist es die Funktion f angewandt auf das Argument $b+c$ oder die Konstante f multipliziert mit $b+c$? *Mathematica* kann diese Frage nicht beantworten. (Aus ähnlichen Gründen wird auch das Spezialzeichen d in Integralen verwendet.)

Deshalb ist es sinnvoll, für Eingaben nur InputForm oder StandardForm zu verwenden. Ausgaben können bei Bedarf in TraditionalForm dargestellt werden, entweder durch Konvertierung einer Zelle (**Cell > Convert To > TraditionalForm**) oder durch die generelle Einstellung **Cell > Default Output FormatType > TraditionalForm**.

■ Konvertierung

Zum Konvertieren und Darstellen von Ausgabezellen sind vor allem die folgenden Befehle im Menü **Cell** interessant:

Convert To: Konvertiert die Auswahl in das gewählte Format.

Display As: Stellt die Auswahl im neuen Format dar. Brüche und Indizes werden aber nicht konvertiert (im Gegensatz zu **Convert To**).

Default Output FormatType: Ausgabezellen werden im gewählten Format erzeugt.

■ Übungen

● Formate umwandeln

In `InputForm` wird die Ableitung mit dem Funktionsnamen D geschrieben. Die Argumente sind in eckige Klammern gesetzt und durch Kommas abgetrennt. Das erste Argument ist der abzuleitende Ausdruck, das zweite die für die Ableitung zu verwendende Variable:

```
D[Sin[2 x + a], x]
```

Wie wird die Ableitung in `StandardForm` und wie in `TraditionalForm` geschrieben?

Eine zweite Ableitung nach x sieht in `InputForm` so aus:

```
D[x Sin[x^3], {x, 2}]
```

Welches sind die beiden anderen Darstellungsweisen?

■ 1.3.2 Eingabe von Formeln und Spezialzeichen

Zur bequemen Eingabe von Formeln und Spezialzeichen gibt es im wesentlichen drei Methoden, die auch gemischt werden können:
• Verwendung von Paletten,
• Control- und Escape-Tastenfolgen,
• Tippen in `InputForm` und eventuell anschließende Konvertierung.

Bei der Arbeit an Formeln ist es nützlich, daß mehrfache Maus-Klicks die Auswahl hierarchisch vergrößern.

■ Paletten

Im Menü **File > Palettes** sind schon verschiedene praktische Paletten vordefiniert.

AlgebraicManipulation: Hier sind einige oft verwendete Funktionen zur algebraischen Manipulation von Formeln zusammengestellt, wie Ausmultiplizieren und Faktorisieren von Polynomen und Vereinfachen von Ausdrücken. Beim Drücken eines Knopfs in der Palette wird automatisch die entsprechende Funktion auf die aktuelle Auswahl im Notebook angewendet und der neue Ausdruck »an Ort und Stelle« ausgewertet.

BasicCalculations: Hier finden wir die wichtigsten Befehle für einfache Rechnungen.

BasicInput: Es ist sinnvoll, diese Palette auf dem Bildschirm zu belassen. Sie enthält die gängigsten Symbole (griechische Buchstaben etc.) und Formeln (Ableitungen, Integrale etc.).

BasicTypesetting: Eine Alternative oder Ergänzung zu **Basic Input**: Viele Symbole, aber keine Formeln.

CompleteCharacters: Fast alle denkbaren Spezialzeichen, thematisch gegliedert.

InternationalCharacters: Diese Palette ist vor allem nützlich, wenn man mit einer fremdsprachigen Tastatur arbeitet. Sie enthält Umlaute etc.

NotebookLauncher: Öffnet ein neues Notebook mit verschiedenen vordefinierten Stilen (analog zum Menü **Format > Style Sheet**).

Die mit ■ bezeichneten Platzhalter werden jeweils automatisch mit der aktuellen Auswahl gefüllt. Der Sprung zum nächsten □-Platzhalter kann mit der TAB-Taste abgekürzt werden.

■ Control- und Escape-Tastenfolgen

Brüche, Indizes etc. können wir auch durch gleichzeitiges Drücken der CTRL-Taste (<Control>) und gewisser anderer Tasten erzeugen. Die zugehörigen Abkürzungen sind im Menü **Edit > Expression Input** ersichtlich. Die Tastenkombination CTRL 2 ergibt eine Quadratwurzel, deren Radikand beim Weitertippen automatisch eingesetzt wird:

$$\sqrt{\Box}$$

Viele Symbole lassen sich durch Tastenfolgen der Form ESC*Tasten*ESC schreiben. Die dazu nötigen Tasten werden in der Palette **BasicTypesetting** angezeigt, wenn man auf das gewünschte Symbol zeigt. Bei den griechischen Buchstaben muß zwischen den ESC der analoge lateinische Buchstabe stehen. Das Tippen von ESC a ESC ergibt also ein α.

Bei verschachtelten Formeln gelangt man mit CTRL ␣ (<Control>- und Leertaste) auf die letzte Ebene zurück. So erzeugt die Tastenfolge CTRL / a CTRL ^ x CTRL ␣ +b TAB c die Formel:

$$\frac{a^x + b}{c}$$

■ Verwendung von `InputForm`

Wie im Abschnitt über Formate erwähnt, lassen sich alle Eingaben auch in der linearen `InputForm`-Schreibweise tippen. Bei Bedarf können wir die Formeln in die zweidimensionale `StandardForm` verwandeln. Wurzeln und Exponenten sehen hier so aus:

> `Sqrt[a] + b^3`

Nach einem **Convert To** > **StandardForm** verändert sich die Zelle zu:

$$\sqrt{a} + b^3$$

Griechische Buchstaben können wir (ohne Verwendung der ⎋-Taste oder von Paletten) auch in der Form \ [*Name*] eingeben. Wird für *Name* `Alpha` geschrieben, so entsteht ein α.

Die Formate lassen sich problemlos mischen:

$$\int \texttt{Sqrt[x] dx}$$

■ Vertiefung

● Paletten erzeugen

In drei einfachen Schritten können eigene Paletten erstellt werden:
- Menü **Input** > **Create Palette**,
- Palette ausfüllen und selektieren,
- Menü **File** > **Generate Palette from Selection**.

Den ■-Platzhalter erzeugt man mit ⎋`spl`⎋, einen □-Platzhalter mit ⎋`pl`⎋.

Damit die Paletten im Menü **File** > **Palettes** erscheinen, speichert man die Dateien im Unterverzeichnis `Configuration:Front End:Palettes` des Installationsverzeichnisses von *Mathematica* oder (unter UNIX) im Unterverzeichnis `Front End/Palettes` des persönlichen *Mathematica*-Verzeichnisses (für Version 3.0: `~/.Mathematica/3.0`)

■ Übungen

● Selbststudium

Werfen Sie einen Blick auf alle verfügbaren Paletten!

Studieren Sie die Tastaturabkürzungen im Menü **Edit** > **Expression Input**.

● Formeln schreiben

Erzeugen Sie die folgenden Formeln auf drei verschiedene Arten: durch Verwendung von Paletten, durch ⌃- und ⎋-Tastenfolgen (soweit möglich) und durch Verwandlung aus `InputForm`.

$$\sqrt{\frac{\alpha}{3} + \sqrt{\frac{\beta}{2} + \sqrt{\gamma}}}$$

$$\int x^2 \, \text{Sin}[x] \, dx$$

$$\int_0^\pi \text{Sin}[x] \, \text{Cos}\left[x - \frac{\pi}{4}\right] dx$$

$$\frac{\partial^4 \, \frac{1}{\sqrt{x^2+y^2}}}{\partial x^2 \, \partial y^2}$$

- **Hierarchie**

Klicken Sie mehrfach in eine der oben erzeugten Formeln und beachten Sie, wie sich die Auswahl hierarchisch vergrößert!

- **Palette**

Studieren Sie die Vertiefung »Palette erzeugen«. Erzeugen Sie dann selbst eine Palette. Ein einfaches Beispiel wäre:

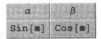

■ 1.4 Einfache Rechnungen

Nun beginnen wir mit den eigentlichen Rechnungen. Sie können auf dem Computer durch Betätigen der [SHIFT] [RET] oder <Enter>-Taste nachvollzogen werden.

■ 1.4.1 Konventionen

Zuerst besprechen wir die wichtigsten Konventionen in *Mathematica*. Es ist empfehlenswert, dieses Kapitel vorerst einmal kurz zu überlesen und später, nach den ersten eigenen Rechnungen, nochmals genauer zu studieren.

■ Namen

Groß- und Kleinschreibung wird unterschieden.

In[1]:= **a - a**

Out[1]= 0

In[2]:= **a - A**

Out[2]= a - A

Die Namen von eingebauten Funktionen sind (in `InputForm`) ausgeschriebene englische Wörter mit großen Anfangsbuchstaben. Jeder Teil eines zusammengesetzten Worts beginnt wieder mit einem Großbuchstaben.

In[3]:= **Expand[(a + b) ^2 / (c + d) ^2]**

Out[3]= $\dfrac{a^2}{(c+d)^2} + \dfrac{2\,a\,b}{(c+d)^2} + \dfrac{b^2}{(c+d)^2}$

In[4]:= **ExpandAll$\left[\dfrac{(a+b)^2}{(c+d)^2}\right]$**

Out[4]= $\dfrac{a^2}{c^2 + 2\,c\,d + d^2} + \dfrac{2\,a\,b}{c^2 + 2\,c\,d + d^2} + \dfrac{b^2}{c^2 + 2\,c\,d + d^2}$

Um Konflikte mit den Namen der (weit über tausend) in *Mathematica* eingebauten Funktionen und Objekte zu vermeiden, ist es sehr empfehlenswert, eigene Namen mit Kleinbuchstaben zu beginnen.

In[5]:= **meineFunktion**

Out[5]= meineFunktion

In[6]:= **x**

Out[6]= x

Leerzeichen (␣) können beliebig eingefügt oder weggelassen werden, solange sich die Bedeutung der Ausdrücke nicht verändert.

In[7]:= **a -   a**

Out[7]= 0

Aber:

In[8]:= **aa / a**

Out[8]= $\dfrac{aa}{a}$

In[9]:= **a a / a**

Out[9]= a

(Der Abstand zwischen den beiden a im Zähler entscheidet darüber, ob wir ein Symbol a a oder das Produkt a*a meinen.)

▪ Klammern, Listen

Die Argumente von *Mathematica*-Funktionen werden in *eckige Klammern* gesetzt und, falls mehrere vorkommen, durch Kommas abgetrennt:

In[10]:= **Integrate[x^n, x]**

Out[10]= $\dfrac{x^{1+n}}{1+n}$

Mathematische Ausdrücke können mit *runden Klammern* gegliedert werden.

In[11]:= **1 / (a + b (c + d))**

Out[11]= $\dfrac{1}{a + b\ (c + d)}$

Listen werden in *geschweifte Klammern* gesetzt. Damit lassen sich unter anderem Vektoren darstellen. Listen werden aber auch oft bei eingebauten Funktionen als Argumente verlangt.

In[12]:= **{a, b, c}**

Out[12]= {a, b, c}

In[13]:= **Integrate[x^2, {x, 0, 1}]**

Out[13]= $\dfrac{1}{3}$

Die *Elemente von Listen* sind von links nach rechts, bei 1 beginnend, numeriert. Mit *doppelten eckigen Klammern* (InputForm) oder Klammern der Form [[...]] (Standard-Form) können wir sie herausziehen.

In[14]:= **{a, b, c}[[1]]**

Out[14]= a

In[15]:= **{a, b, c}[[2]]**

Out[15]= b

Wir können Listen auch *verschachteln*:

In[16]:= **{{a, b, c}, {d, e, f}}**

Out[16]= {{a, b, c}, {d, e, f}}

Um hier auf ein einzelnes Element zuzugreifen, geben wir zuerst die Position innerhalb der äußersten Liste, dann diejenige in der entsprechenden Unterliste an:

In[17]:= **{{a, b, c}, {d, e, f}}[[1, 2]]**

Out[17]= b

In[18]:= **{{a, b, c}, {d, e, f}}[[2, 3]]**

Out[18]= f

▪ Referenzen auf Resultate

Die Ein- und Ausgabezellen von *Mathematica* werden automatisch in der Reihenfolge ihrer Auswertung numeriert (In[...], Out[...]). Der Ausdruck %n ist eine Kurzform für die Ausgabezelle mit der Nummer n (d.h.: Out[n]). Mit % läßt sich die letzte Ausgabezelle, mit %% die vorletzte ansprechen etc.

In[19]:= **2 %**

Out[19]= 2 f

In[20]:= **% * %17**

Out[20]= 2 b f

▪ Reihenfolge der Auswertung

Die Reihenfolge der Auswertung muß nicht von oben nach unten verlaufen; wir können Zellen auch mehrfach auswerten. Allerdings werden sich in solchen Fällen nach dem Speichern des Notebooks und dem Auswerten in einem neuen Kernel eventuell andere Resultate ergeben, falls sich die Reihenfolge von Definitionen (siehe Abschnitt Transformationsregeln und Definitionen) geändert hat oder Referenzen auf Ausgabezellen nicht mehr stimmen.

▪ Unterdrückung oder Kurzform der Ausgabe

Falls eine Eingabe mit ; abgeschlossen wird, so unterdrückt *Mathematica* die Anzeige der Ausgabe. Diese wird aber trotzdem berechnet:

In[21]:= **a^2;**

In[22]:= **%**

Out[22]= a^2

Dies kann bei Rechnungen mit riesigen Resultaten nützlich sein, da die Formatierung einer mehrseitigen Ausgabe viel Zeit benötigt. Mit Short oder Shallow lassen sich Kurzversionen der Resultate erzeugen.

In[23]:= **Expand[(a + b + c)^100];**

In[24]:= **Short[%]**

Out[24]//Short=
$$a^{100} + 100\, a^{99}\, b + \ll 5147 \gg + 100\, b\, c^{99} + c^{100}$$

■ Vertiefung

● Notationen

Neben der *Standard-Notation*

In[25]:= **Expand[(a + b)^2]**

Out[25]= $a^2 + 2\,a\,b + b^2$

können Funktionen mit einem Argument auch in einer *Präfix-Notation* mit @

In[26]:= **Expand @ ((a + b)^2)**

Out[26]= $a^2 + 2\,a\,b + b^2$

oder in einer *Postfix-Notation* mit // geschrieben werden:

In[27]:= **(a + b)^2 // Expand**

Out[27]= $a^2 + 2\,a\,b + b^2$

Für Funktionen mit zwei Argumenten gibt es auch noch eine *Infix-Schreibweise*:

In[28]:= **{a, b} ~ Join ~ {c, d}**

Out[28]= $\{a,\ b,\ c,\ d\}$

■ 1.4.2 Numerische Rechnungen

Die Operatoren für Addition (+), Subtraktion (−), Multiplikation (*), Division (/) und Potenz (^) sind wie erwartet. Der Multiplikationsstern kann auch durch ein Leerzeichen ersetzt werden.

In[29]:= **2 3 / 5**

Out[29]= $\dfrac{6}{5}$

Mathematica arbeitet mit exakten ganzen oder rationalen Zahlen, solange kein Dezimalpunkt vorkommt.

In[30]:= **2 ^ 100**

Out[30]= 1267650600228229401496703205376

In[31]:= **2.0 ^ 100**

Out[31]= 1.26765×10^{30}

In[32]:= $\sqrt{2}$

Out[32]= $\sqrt{2}$

Die Verwandlung in approximierte Zahlen (wir nennen sie manchmal etwas ungenau »reelle Zahlen«) wird von der Funktion N erledigt.

In[33]:= **N$\left[\sqrt{2}\,\right]$**

Out[33]= 1.41421

Mit einem fakultativen zweiten Argument können wir eine größere Genauigkeit verlangen.

In[34]:= **N$\left[\sqrt{2}\,,\,50\right]$**

Out[34]= 1.4142135623730950488016887242096980785696718753769

Mathematica kennt auch verschiedene Konstanten, unter anderem:
E oder *e*: Eulersche Konstante,
Pi oder *π*: Kreiszahl,
I oder *i*: imaginäre Einheit,
Degree: *π*/180, Umrechnungsfaktor von Grad auf Bogenmaß.

Solange nicht eine numerische Approximation verlangt ist, werden sie als symbolische Abkürzungen verwendet. Gewisse Eigenschaften sind (exakt) bekannt.

In[35]:= $\dfrac{\pi}{4}$

Out[35]= $\dfrac{\pi}{4}$

In[36]:= $\mathbf{Sin}\left[\dfrac{\pi}{4}\right]$

Out[36]= $\dfrac{1}{\sqrt{2}}$

In[37]:= **N[Pi / 4, 20]**

Out[37]= 0.7853981633974483096

In[38]:= **Sin[45 Degree]**

Out[38]= $\dfrac{1}{\sqrt{2}}$

Die vielen eingebauten mathematischen Funktionen und Konstanten finden wir am besten im *Help Browser* (unter **Built-in Functions > Elementary Functions**) oder in der Palette **BasicCalculations**. Ihre numerische Auswertung ist einfach:

In[39]:= **ArcCos[0]**

Out[39]= $\dfrac{\pi}{2}$

In[40]:= **ArcCos[7 / 10]**

Out[40]= $\text{ArcCos}\left[\dfrac{7}{10}\right]$

In[41]:= **N[%]**

Out[41]= 0.795399

In[42]:= **ArcCos[.7]**

Out[42]= 0.795399

▪ Übungen

● Eulersche Konstante

Werfen Sie einen Blick auf die ersten 1000 Stellen der Eulerschen Konstante.

● **Fehlerberechnung**

Bestimmen Sie den absoluten und den relativen Fehler bei der Approximation von π durch die Quadratwurzel aus 10.

■ 1.4.3 Algebraische Umformungen

Mathematica kann aber auch mit Symbolen umgehen.

In[43]:= **(a + b) ^ 10**

Out[43]= $(a + b)^{10}$

Dabei werden nur die einfachsten Umformungen automatisch ausgeführt. Alles andere muß explizit verlangt werden; das Programm kann ja nicht wissen, was wir mit einer Formel machen wollen.

Um das obige Polynom auszumultiplizieren, kann man verschieden vorgehen. Man sucht die zugehörige Funktion im *Help Browser* (**Built-in Functions** > **Algebraic Manipulation** > **Basic Algebra**) und tippt sie ins Notebook. Oder man sucht sie in der Palette **BasicCalculations** > **Algebra** > **Polynomial Manipulations** und klickt sie ins Notebook. Dann setzt man eine Referenz auf die obige Ausgabezelle oder die Formel selbst ein.

In[44]:= **Expand[%]**

Out[44]= $a^{10} + 10 a^9 b + 45 a^8 b^2 + 120 a^7 b^3 + 210 a^6 b^4 +$
$252 a^5 b^5 + 210 a^4 b^6 + 120 a^3 b^7 + 45 a^2 b^8 + 10 a b^9 + b^{10}$

In[45]:= **Expand[(a + b)^10]**

Out[45]= $a^{10} + 10 a^9 b + 45 a^8 b^2 + 120 a^7 b^3 + 210 a^6 b^4 +$
$252 a^5 b^5 + 210 a^4 b^6 + 120 a^3 b^7 + 45 a^2 b^8 + 10 a b^9 + b^{10}$

Als Alternative kann man auch die Formel selektieren und die Funktion aus der Palette **AlgebraicManipulation** darauf anwenden. So wird an Ort und Stelle umgeformt, und

(a + b)^10

verwandelt sich in:

$a^{10} + 10 a^9 b + 45 a^8 b^2 + 120 a^7 b^3 + 210 a^6 b^4 +$
$252 a^5 b^5 + 210 a^4 b^6 + 120 a^3 b^7 + 45 a^2 b^8 + 10 a b^9 + b^{10}$

Die Leserin bzw. der Leser möge dies selbst versuchen.

Eine der am meisten verwendeten Funktionen ist `Simplify`. Auf das obige Resultat angewendet, findet sie die einfachere Schreibweise als faktorisiertes Polynom.

In[47]:= `Simplify[`a^{10} ` + 10 `a^9` b + 45 `a^8` `b^2` + 120 `a^7` `b^3` + 210 `a^6` `b^4` +`
       `252 `a^5` `b^5` + 210 `a^4` `b^6` + 120 `a^3` `b^7` + 45 `a^2` `b^8` + 10 a `b^9` + `b^{10}`]`

Out[47]= $(a + b)^{10}$

Mit `Factor` hätten wir dies auch explizit verlangen können.

In[48]:= `Factor[`a^{10} ` + 10 `a^9` b + 45 `a^8` `b^2` + 120 `a^7` `b^3` + 210 `a^6` `b^4` +`
       `252 `a^5` `b^5` + 210 `a^4` `b^6` + 120 `a^3` `b^7` + 45 `a^2` `b^8` + 10 a `b^9` + `b^{10}`]`

Out[48]= $(a + b)^{10}$

Die Funktion `FullSimplify` braucht oft viel länger als `Simplify`. Sie erkennt aber zusätzliche (und z.T. recht exotische) Vereinfachungsmöglichkeiten:

In[49]:= `Simplify[ArcCos[`$\sqrt{1 - x}$`]]`

Out[49]= `ArcCos[`$\sqrt{1 - x}$`]`

In[50]:= `FullSimplify[ArcCos[`$\sqrt{1 - x}$`]]`

Out[50]= `ArcSin[`$\sqrt{x}$`]`

Bei eventueller Kritik an den Resultaten dieser Funktionen ist zu beachten, daß das Vereinfachen von Formeln ein schwieriges Problem ist, das nur heuristisch angegangen werden kann. Die Schwierigkeiten beginnen schon beim Begriff. Welche der folgenden Formeln ist einfacher?

In[51]:= `FullSimplify[`$\dfrac{1 - x^{11}}{1 - x}$`]`

Out[51]= $\dfrac{1 - x^{11}}{1 - x}$

In[52]:= `FullSimplify[1 + x + `x^2` + `x^3` + `x^4` + `x^5` + `x^6` + `x^7` + `x^8` + `x^9` + `x^{10}`]`

Out[52]= $1 + x (1 + x (1 + x + x^2) (1 + x^3 + x^6))$

Darüber kann man streiten. Wir sind deshalb nicht böse, daß *Mathematica* nicht in beiden Fällen die gleiche Form gewählt hat, obwohl sie mathematisch gleich sind.

In[53]:= `Simplify[% - %%]`

Out[53]= 0

▪ Übungen

● Umformung durch Anwendung von Funktionen

Verwenden Sie die geeignete Funktion aus der Palette **Basic Calculations** (oder tippen Sie den Funktionsnamen ein), um den folgenden Ausdruck zu vereinfachen:

$$a^5 + 5\,a^4\,\texttt{Cos[x]}^2 + 10\,a^3\,\texttt{Cos[x]}^4 + 10\,a^2\,\texttt{Cos[x]}^6 +$$
$$5\,a\,\texttt{Cos[x]}^8 + \texttt{Cos[x]}^{10} + 5\,a^4\,\texttt{Sin[x]}^2 + 20\,a^3\,\texttt{Cos[x]}^2\,\texttt{Sin[x]}^2 +$$
$$30\,a^2\,\texttt{Cos[x]}^4\,\texttt{Sin[x]}^2 + 20\,a\,\texttt{Cos[x]}^6\,\texttt{Sin[x]}^2 + 5\,\texttt{Cos[x]}^8\,\texttt{Sin[x]}^2 +$$
$$10\,a^3\,\texttt{Sin[x]}^4 + 30\,a^2\,\texttt{Cos[x]}^2\,\texttt{Sin[x]}^4 + 30\,a\,\texttt{Cos[x]}^4\,\texttt{Sin[x]}^4 +$$
$$10\,\texttt{Cos[x]}^6\,\texttt{Sin[x]}^4 + 10\,a^2\,\texttt{Sin[x]}^6 + 20\,a\,\texttt{Cos[x]}^2\,\texttt{Sin[x]}^6 +$$
$$10\,\texttt{Cos[x]}^4\,\texttt{Sin[x]}^6 + 5\,a\,\texttt{Sin[x]}^8 + 5\,\texttt{Cos[x]}^2\,\texttt{Sin[x]}^8 + \texttt{Sin[x]}^{10}$$

● Rechnen »an Ort und Stelle«

Verwenden Sie die Palette **AlgebraicManipulation**, um:
• $(a + b)^{10}$ auszumultiplizieren,
• das Resultat zu faktorisieren,
• $\texttt{Sin[2}\alpha\texttt{+}\beta\texttt{]}\ \texttt{Cos[2}\alpha\texttt{+}\beta\texttt{]}$ zu vereinfachen (`Simplify`),
• $\texttt{Log[z} + \sqrt{z + 1}\ \sqrt{z - 1}\ \texttt{]}$ zu vereinfachen (`Simplify` und `FullSimplify`).

● Selbststudium

Werfen Sie einen Blick auf das Kapitel 1.4.5 des Mathematica Buches (Hyperlink verwenden oder *Help Browser* > **The Mathematica Book** anklicken, 1.4.5 ins **Go To** Feld eintippen, *Go To* klicken).

● Goniometrische Beziehungen

Bringen Sie die Formel

$$\texttt{Sin[3 x] Cos[5 x]}$$

in eine Form, bei der nur noch das Argument x in den trigonometrischen Funktionen erscheint.

▪ 1.4.4 Transformationsregeln und Definitionen

Dieser Abschnitt wird bei der ersten Lektüre schwierig erscheinen. Am besten liest man ihn einmal durch und kommt auf ihn zurück, wenn im folgenden die Verwendung von Transformationsregeln und Definitionen unklar ist.

▪ Transformationsregeln

Das (temporäre) *Einsetzen von Werten* in Formeln geschieht mit dem `/.` Operator, indem rechts eine *Transformationsregel* angegeben wird. Letztere schreibt man in `InputForm` als *variable* -> *wert* oder in `StandardForm` als *variable* → *wert*.

In[54]:= **Sqrt [a + b^2] /. a -> 2**

Out[54]= $\sqrt{2 + b^2}$

In[55]:= $\sqrt{a + b^2}$ **/. b → 3**

Out[55]= $\sqrt{9 + a}$

Mehrere Werte werden durch eine Liste von einzelnen Transformationsregeln definiert.

In[56]:= $\sqrt{a + b^2}$ **/. {a → 3, b → 7}**

Out[56]= $2\sqrt{13}$

Wir nennen eine solche Liste selbst auch wieder *Transformationsregel*, weil sie sich – im Gegensatz zu einer weiter verschachtelten Liste – wie eine einzelne Transformationsregel verhält. Durch *verschachtelte* Listen können wir gleichzeitig verschiedene Werte einsetzen.

In[57]:= $\sqrt{a + b^2}$ **/. {{a → c, b → 0}, {a → a^2}}**

Out[57]= $\left\{ \sqrt{c}, \ \sqrt{a^2 + b^2} \right\}$

■ Einfache Definitionen

Eine *sofortige Definition* wird mit einem Gleichheitszeichen (=) geschrieben. Sie hat zur Folge, daß im weiteren Verlauf der *Mathematica*-Sitzung überall, wo die linke Seite der Definition vorkommt, die rechte Seite eingesetzt wird.

In[58]:= **a1 = 1**

Out[58]= 1

In[59]:= **a1 + a2**

Out[59]= 1 + a2

Die rechte Seite der sofortigen Definition wird ausgewertet, wenn die Definition eingelesen wird. Man sieht dies an der Ausgabezelle.

In[60]:= **a2 = a1**

Out[60]= 1

In[61]:= **a2**

Out[61]= 1

Auch bei einer *verzögerten Definition* (:=) wird im Verlauf der Sitzung überall, wo die linke Seite vorkommt, die rechte Seite eingesetzt. Die Auswertung der rechten Seite allerdings geschieht erst zum Zeitpunkt des Einsetzens.

In[62]:= **a3 := a1**

In[63]:= **a3**

Out[63]= 1

Bei der verzögerten Definition entsteht keine Ausgabezelle, weil die rechte Seite noch nicht ausgewertet wird. Wenn wir jetzt den Wert von a1 ändern und a3 nochmals auswerten, ergibt sich ein anderes Resultat.

In[64]:= **a1 = 3**

Out[64]= 3

In[65]:= **a3**

Out[65]= 3

Der Wert von a2, welcher mit einer sofortigen Definition gesetzt wurde, hat sich hingegen nicht verändert:

In[66]:= **a2**

Out[66]= 1

Die zu einem Namen *name* gesetzten Definitionen werden durch ?*name* angezeigt.

In[67]:= **?a3**

    Global`a3

    a3 := a1

Wir sehen, daß a3 im Kontext Global` steht (siehe Abschnitt 4.4.5) und die Definition a3:=a1 besitzt.

■ Definitionen löschen

Sofortige und verzögerte Definitionen können mit Clear oder =. wieder *gelöscht* werden.

In[68]:= **Clear[a2, a3]**

In[69]:= **{a1, a2, a3}**

Out[69]= {3, a2, a3}

In[70]:= **a1 =.**

In[71]:= **{a1, a2, a3}**

Out[71]= {a1, a2, a3}

■ Einfache Muster

Die linken Seiten von Transformationsregeln und Definitionen sind eigentlich *Muster*. In den bisherigen Beispielen waren diese sehr einschränkend, indem sie nur einzelne Symbolnamen umfaßten. Wo immer aber in einem Muster ein unterstrichener Leerschlag (_ , auf der Tastatur SHIFT-) steht, kann irgend etwas eingefüllt werden. Wir verwenden dafür die in *Mathematica* übliche, englische Bezeichnung *Blank*. Das Blank-Zeichen "_" steht also für irgend etwas.

In[72]:= **1 + a^2 /. _^2 -> etwasImQuadrat**

Out[72]= 1 + etwasImQuadrat

Bei Definitionen braucht man meist das »Irgendetwas« auf der rechten Seite. Deshalb kann es auch mit einem Namen versehen werden. So steht x_ für irgend etwas, das man auf der rechten Seite mit dem Namen x ansprechen möchte. Damit können wir zum Beispiel *Funktionen* definieren:

In[73]:= **funktion1[x_] = Sin[1/x]**

Out[73]= $\mathrm{Sin}\left[\dfrac{1}{x}\right]$

In[74]:= **funktion1[3]**

Out[74]= $\mathrm{Sin}\left[\dfrac{1}{3}\right]$

In diesem Beispiel hätte auch eine verzögerte Definition dasselbe ergeben. Falls aber rechts noch etwas ausgewertet werden muß, so spielt die Art der Definition eine Rolle. Wir betrachten dazu die folgenden zwei Definitionen:

In[75]:= **multipliziereAus1[x_] = Expand[(1 + x)^2]**

Out[75]= $1 + 2x + x^2$

In[76]:= **multipliziereAus2[x_] := Expand[(1 + x)^2]**

Bei der Anwendung auf ein einzelnes Symbol oder eine einzelne Zahl liefern sie das gleiche Resultat.

In[77]:= **multipliziereAus1[a]**

Out[77]= $1 + 2 a + a^2$

In[78]:= **multipliziereAus2[a]**

Out[78]= $1 + 2 a + a^2$

Wenn wir sie aber für eine Summe auswerten, wird in der ersten Version einfach die Summe für x eingesetzt.

In[79]:= **multipliziereAus1[a + b]**

Out[79]= $1 + 2 (a + b) + (a + b)^2$

Bei der verzögerten Definition dagegen wird die Summe eingesetzt und das Expand des entstandenen Ausdrucks erst anschließend berechnet.

In[80]:= **multipliziereAus2[a + b]**

Out[80]= $1 + 2 a + a^2 + 2 b + 2 a b + b^2$

▪ Faustregeln für Definitionen

Wir können die Faustregel festhalten, daß sofortige Definitionen dort sinnvoll sind, wo man ein Symbol oder ein Muster als Abkürzung für einen *festen Wert* definieren will. Falls aber auf der rechten Seite der Definition bei der Anwendung noch etwas *ausgerechnet* werden muß, so verwendet man eine verzögerte Definition.

Weil Definitionen, wenn sie nicht von Hand gelöscht werden, im ganzen weiteren Verlauf der *Mathematica*-Sitzung gelten, führen sie bei langen Arbeiten oft zu Verwirrungen, sobald man sie vergessen hat. Zum Einsetzen von Werten sind deshalb die Transformationsregeln besser geeignet.

▪ Vertiefung

● Alle Definitionen löschen

Wenn man alle Definitionen löschen möchte, ohne einen neuen Kernel zu starten, kann man sich folgendermaßen behelfen (siehe Abschnitt 4.4.5):

```
Clear["Global`*"]
```

• Zusammengesetzte Ausdrücke

Wir können bei Bedarf mehrere Ausdrücke auf einer Zeile oder in einer Zelle zusammenfassen, indem wir sie mit Strichpunkten abtrennen. Dann spricht man von einem *zusammengesetzten Ausdruck*.

```
In[81]:=  konstante1 = .2; konstante2 = .3; {konstante1, konstante2}
```

```
Out[81]=  {0.2, 0.3}
```

■ Übungen

• Werte einsetzen

Setzen Sie im folgenden Ausdruck zuerst a=2, dann b=3 (mit beliebigem a) und schließlich gleichzeitig a=2 und b=3.

$$\frac{a^2 - b}{b^3 + a^2 + x}$$

• Funktionsdefinition

Definieren Sie eine Funktion mit zwei Argumenten n und x, welche $\sin(n\,x)$ berechnet.

• Die Stirlingsche Formel

Für große n gilt die Stirlingsche Formel: $\log n! \approx (\log n)\,(n + \frac{1}{2}) - n + \log \sqrt{2\pi}$.

Bestimmen Sie den absoluten und den relativen Fehler für n=2,10,100. Verwenden Sie dazu zuerst Transformationsregeln und anschließend eine geeignete Definition.

■ 1.4.5 Gleichungen

■ Einzelne Gleichungen

Gleichungen (und Differentialgleichungen) werden in Mathematica mit doppeltem Gleichheitszeichen geschrieben. Das einfache Gleichheitszeichen ist ja schon durch die Definitionen belegt.

```
In[82]:=  a x + b == 1
```

```
Out[82]=  b + a x == 1
```

```
In[83]:=  meineGleichung = a x + b == 1
```

```
Out[83]=  b + a x == 1
```

Die *Mathematica*-Funktion zum Lösen von Gleichungen und Gleichungssystemen heißt `Solve`. Man übergibt ihr zuerst die Gleichung und dann die Variable, nach der aufgelöst werden soll.

In[84]:= `Solve[a x + b == 1, x]`

Out[84]= $\left\{\left\{ x \to - \dfrac{-1 + b}{a} \right\}\right\}$

In[85]:= `Solve[meineGleichung, x]`

Out[85]= $\left\{\left\{ x \to - \dfrac{-1 + b}{a} \right\}\right\}$

Wir wollen die Lösung benennen:

In[86]:= `eineLösung = %`

Out[86]= $\left\{\left\{ x \to - \dfrac{-1 + b}{a} \right\}\right\}$

Das Resultat wird – auf den ersten Blick irritierend – als Liste von Transformationsregeln geschrieben. Zudem ist es eine verschachtelte Liste, weil wir auch Gleichungen mit mehreren Lösungen und mehreren Unbekannten lösen können. Die erste (und in diesem Fall einzige) Lösung erhalten wir durch Zugriff auf das erste (und einzige) Element der Liste:

In[87]:= `ersteLösung = eineLösung[[1]]`

Out[87]= $\left\{ x \to - \dfrac{-1 + b}{a} \right\}$

Das ist nun eine Transformationsregel, die wir auf Ausdrücke anwenden können. Das Einsetzen der Lösung für x in die Gleichung erreichen wir mit:

In[88]:= `meineGleichung /. ersteLösung`

Out[88]= `True`

Die Antwort auf die oft gestellte Fragen, wie man denn nun x endgültig auf diesen Wert setzen könne, heißt also:

In[89]:= `x = x /. ersteLösung`

Out[89]= $- \dfrac{-1 + b}{a}$

In[90]:= **x + 1**

Out[90]= $1 - \dfrac{-1 + b}{a}$

oder in einem Schritt:

In[91]:= **x = x /. Solve[a x + b == 1, x] [[1]]**

General::ivar : $-\dfrac{-1 + b}{a}$ is not a valid variable.

ReplaceAll::reps :
   {True} is neither a list of replacement rules nor a valid
      dispatch table, and so cannot be used for replacing.

Out[91]= $-\dfrac{-1 + b}{a}$ /. True

Damit sehen wir auch schon die Gefahr von solchen Definitionen: x hat durch die Definition **x = x /. ersteLösung** schon einen Wert. Dieser wird sofort in die Gleichung eingesetzt und zu True ausgewertet. Deshalb kann x nicht mehr als Variable benutzt werden. Wir löschen die Definition für das Kommende also besser wieder

In[92]:= **x =.**

und vermeiden die Definition für x:

In[93]:= **x /. Solve[a x + b == 1, x] [[1]]**

Out[93]= $-\dfrac{-1 + b}{a}$

Spannender wird die Sache bei nichtlinearen Gleichungen.

In[94]:= **dreiLösungen = Solve[x^3 + x^2 - x + 1 == 0, x]**

Out[94]= $\left\{\left\{x \to -\dfrac{1}{3} - \dfrac{4}{3\,(19 - 3\sqrt{33})^{1/3}} - \dfrac{1}{3}\,(19 - 3\sqrt{33})^{1/3}\right\},\right.$

$\left\{x \to -\dfrac{1}{3} + \dfrac{2\,(1 + I\sqrt{3})}{3\,(19 - 3\sqrt{33})^{1/3}} + \dfrac{1}{6}\,(1 - I\sqrt{3})\,(19 - 3\sqrt{33})^{1/3}\right\},$

$\left.\left\{x \to -\dfrac{1}{3} + \dfrac{2\,(1 - I\sqrt{3})}{3\,(19 - 3\sqrt{33})^{1/3}} + \dfrac{1}{6}\,(1 + I\sqrt{3})\,(19 - 3\sqrt{33})^{1/3}\right\}\right\}$

Jetzt erhalten wir drei Lösungen. Diese Liste von Transformationsregeln läßt sich als Ganzes auf einen Ausdruck anwenden. Das Resultat ist die Liste der drei Anwendungen.

In[95]:= **x /. dreiLösungen**

Out[95]= $\left\{ -\dfrac{1}{3} - \dfrac{4}{3\,(19 - 3\sqrt{33}\,)^{1/3}} - \dfrac{1}{3}\,(19 - 3\sqrt{33}\,)^{1/3} \right.,$

$-\dfrac{1}{3} + \dfrac{2\,(1 + I\sqrt{3}\,)}{3\,(19 - 3\sqrt{33}\,)^{1/3}} + \dfrac{1}{6}\,(1 - I\sqrt{3}\,)\,(19 - 3\sqrt{33}\,)^{1/3},$

$\left. -\dfrac{1}{3} + \dfrac{2\,(1 - I\sqrt{3}\,)}{3\,(19 - 3\sqrt{33}\,)^{1/3}} + \dfrac{1}{6}\,(1 + I\sqrt{3}\,)\,(19 - 3\sqrt{33}\,)^{1/3} \right\}$

In[96]:= **Simplify[x^3 + x^2 - x + 1 == 0 /. dreiLösungen]**

```
$MaxExtraPrecision::meprec :
  In increasing internal precision while attempting to evaluate
```
$\dfrac{4}{3} + \dfrac{4}{3\,\ll 1\gg} + \dfrac{1}{3}\,\ll 1\gg + (\ll 1\gg)^2 + \left(-\dfrac{1}{3} - \ll 1\gg - \dfrac{1}{3}\,(\ll 1\gg)^{1/3}\right)^3,$
```
  the limit $MaxExtraPrecision = 50.` was reached. Increasing the
  value of $MaxExtraPrecision may help resolve the uncertainty.

$MaxExtraPrecision::meprec :
  In increasing internal precision while attempting to evaluate
```
$\dfrac{4}{3} - \dfrac{2\,(1 + I\sqrt{3}\,)}{3\,(\ll 1\gg)^{1/3}} - \ll 1\gg + (\ll 1\gg)^2 + \left(-\dfrac{1}{3} + \ll 2\gg\right)^3,$ the limit
```
  $MaxExtraPrecision = 50.` was reached. Increasing the value
  of $MaxExtraPrecision may help resolve the uncertainty.

$MaxExtraPrecision::meprec :
  In increasing internal precision while attempting to evaluate
```
$\dfrac{4}{3} - \dfrac{2\,(1 - I\sqrt{3}\,)}{3\,(\ll 1\gg)^{1/3}} - \ll 1\gg + (\ll 1\gg)^2 + \left(-\dfrac{1}{3} + \ll 2\gg\right)^3,$ the limit
```
  $MaxExtraPrecision = 50.` was reached. Increasing the value
  of $MaxExtraPrecision may help resolve the uncertainty.

General::stop :
  Further output of $MaxExtraPrecision::meprec will be
    suppressed during this calculation.
```

Out[96]= {True, True, True}

Das Resultat ist richtig, die Meldungen (in Version 3.0.1) sollten nicht erscheinen. Wie jedes nichttriviale Programm ist also auch *Mathematica* nicht perfekt. Zur Sicherheit kontrollieren wir nochmals mit einer alternativen Version, bei der wir nur die linke Seite der Gleichung berechnen.

In[97]:= **Simplify[x^3 + x^2 - x + 1 /. dreiLösungen]**

Out[97]= {0, 0, 0}

■ Gleichungssysteme

Um ein Gleichungssystem mit mehreren Unbekannten zu lösen, gruppieren wir die Gleichungen und die Unbekannten als Listen.

In[98]:= **Solve[{2 x² + y == 1, x - y == 2}, {x, y}]**

Out[98]= $\{\{y \to -\frac{7}{2}, x \to -\frac{3}{2}\}, \{y \to -1, x \to 1\}\}$

Damit erkennen wir endgültig den Sinn der Darstellung der Lösung(en) als verschachtelte Liste. Wir haben eine Liste mit den zwei Lösungen, jede Lösung ist eine Liste von Regeln für die beiden Unbekannten.

In[99]:= **Simplify[{2 x² + y == 1, x - y == 2} /. %]**

Out[99]= {{True, True}, {True, True}}

Die Funktion Eliminate ist manchmal auch nützlich. Sie eliminiert Variablen aus einem Gleichungssystem.

In[100]:= **Eliminate[{x - y == d, x + y == s}, x]**

Out[100]= d == s - 2 y

■ Numerische Lösungen polynomialer Gleichungen

Die Lösungen von polynomialen Gleichungen vom Grad > 4 lassen sich im allgemeinen nicht durch rationale Ausdrücke mit Radikalen schreiben.

In[101]:= **Solve[x⁵ - x² + 1 == 0, x]**

Out[101]= {{x → Root[1 - #1² + #1⁵ &, 1]},
　　　 {x → Root[1 - #1² + #1⁵ &, 2]}, {x → Root[1 - #1² + #1⁵ &, 3]},
　　　 {x → Root[1 - #1² + #1⁵ &, 4]}, {x → Root[1 - #1² + #1⁵ &, 5]}}

Wir wollen nicht weiter auf die Root-Objekte eingehen (mit denen man auch rechnen kann), sondern eine numerische Approximation der Lösungen erzeugen.

In[102]:= **N[%]**

Out[102]= {{x → -0.808731}, {x → -0.464912 - 1.07147 I},
　　　 {x → -0.464912 + 1.07147 I},
　　　 {x → 0.869278 - 0.388269 I}, {x → 0.869278 + 0.388269 I}}

Abgesehen von Feinheiten in der Numerik ergibt die Funktion NSolve dasselbe wie N[Solve[...]]

In[103]:= **NSolve[x⁵ - x² + 1 == 0, x]**

Out[103]= {{x → -0.808731}, {x → -0.464912 - 1.07147 I},
          {x → -0.464912 + 1.07147 I},
          {x → 0.869278 - 0.388269 I}, {x → 0.869278 + 0.388269 I}}

■ Numerische Lösungen transzendenter Gleichungen

Leider gibt es auch transzendente Gleichungen mit eventuell mehreren oder unendlich vielen Lösungen.

In[104]:= **Solve[Log[x] == Cot[x], x]**

        Solve::tdep :
          The equations appear to involve transcendental functions
            of the variables in an essentially non-algebraic way.

Out[104]= Solve[Log[x] == Cot[x], x]

Mit einem Vorgriff auf den 2. Teil wollen wir zur Veranschaulichung die beiden Seiten der Gleichung zeichnen.

In[105]:= **Plot[{Log[x], Cot[x]}, {x, 0, 4 π}]**

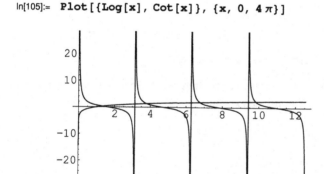

Out[105]= - Graphics -

Hier können wir nur mit einem numerischen Algorithmus Approximationen erzeugen (siehe auch Abschnitt 4.4.2). Diese sind vom gewählten Anfangswert abhängig. Die zugehörige Funktion FindRoot verlangt die Gleichung (oder den Ausdruck, dessen Nullstellen gesucht sind) als erstes Argument und die Variable mit dem Startwert als zweites.

In[106]:= **FindRoot[Log[x] == Cot[x], {x, 1}]**

Out[106]= {x → 1.30828}

Ein anderer Startwert liefert eventuell eine andere Lösung. Zur Illustration schreiben wir hier einen Ausdruck an Stelle der Gleichung.

In[107]:= **FindRoot[Log[x] - Cot[x], {x, 7}]**

Out[107]= $\{x \to 6.76512\}$

Es muß aber nicht die am nächsten beim Startwert liegende Lösung sein:

In[108]:= **FindRoot[x^4 - 2 x^2 + 1 / 2, {x, .1}]**

Out[108]= $\{x \to 1.30656\}$

In[109]:= **FindRoot[x^4 - 2 x^2 + 1 / 2, {x, .2}]**

Out[109]= $\{x \to 0.541196\}$

Weitere Varianten zum Aufruf von FindRoot finden sich im *Help Browser*.

▪ Vertiefung

● Spezialfälle

Wir betrachten die Lösung von $a\,x = 1$.

In[110]:= **Solve[a x == b, x]**

Out[110]= $\left\{\left\{x \to \dfrac{b}{a}\right\}\right\}$

Offensichtlich ist sie, falls $b \neq 0$ ist, für $a = 0$ nicht gültig.

In[111]:= **%[[1]] /. a -> 0**

        Power::infy : Infinite expression $\dfrac{1}{0}$ encountered.

Out[111]= $\{x \to \text{ComplexInfinity}\}$

Wir sehen also, daß die Funktion Solve von gewissen Spezialfällen absieht. Technisch gesprochen, liefert sie nur die *generische Lösung*.

Die Funktion Reduce hilft uns weiter. Sie erzeugt einen logischen Ausdruck mit allen Spezialfällen.

In[112]:= **Reduce[a x == b, x]**

Out[112]= $b == 0\ \&\&\ a == 0\ ||\ a \neq 0\ \&\&\ x == \dfrac{b}{a}$

Das logische *Oder* wird mit ||, das logische *Und* mit &&, das *Ungleich* mit $\neq$ oder != geschrieben.

• Ungleichungen

Im Paket `Algebra`InequalitySolve`` ist die Funktion `InequalitySolve` definiert, welche Ungleichungen vereinfacht. Um sie zu verwenden, muß zuerst das Paket geladen werden:

In[113]:= `<< Algebra`InequalitySolve``

Nun können wir zum Beispiel die folgende Ungleichung umformen:

In[114]:= `InequalitySolve[x^2 - 3 > 0, x]`

Out[114]= $x < -\sqrt{3} \;\; || \;\; x > \sqrt{3}$

Es muß also entweder $x < -\sqrt{3}$ oder $x > \sqrt{3}$ sein.

■ Übungen

• Quadratische Gleichung

Lösen Sie die quadratische Gleichung $a\,x^2 + b\,x + c = 0$ nach x.

Verifizieren Sie das Resultat durch Einsetzen in die Gleichung.

Definieren Sie eine Variable namens `lösung1`, welche als Wert die erste Lösung der Gleichung hat.

Finden Sie eine Form der Lösung, welche auch Spezialfälle wie $a = 0$ richtig berücksichtigt.

• Gleichung höheren Grades

Studieren Sie die symbolischen Lösungen der Gleichung:

$$4\,x^4 + 3\,x^3 + 2\,x^2 + x + 1 == 0$$

Erzeugen Sie auf verschiedene Arten numerische Werte der Lösungen.

• Transzendente Gleichung

Finden Sie die ersten zwei positiven Schnittpunkte von `Exp[-x]` und `Sin[x]`.

• Gleichungssystem

Lösen Sie das folgende Gleichungssystem und verifizieren Sie die Lösung durch Einsetzen:

$$\{x^2 + y == 1, \; 3\,y - x == a\}$$

• Elimination von Variablen

Eliminieren Sie x und y aus dem folgenden Gleichungssystem:

$$\{x^2 + y + z == 1, \; 3\,y - x == a, \; x + 2\,z == 0\}$$

• Ungleichungen

Untersuchen Sie, wo die Ungleichungen $|x^2 - 3| - 2 > 0$ und $x^2 - x^3 > 0$ gleichzeitig erfüllt sind (die logische Und-Verknüpfung wird in *Mathematica* mit `&&` geschrieben).

■ 1.4.6 Analysis

■ Grenzwerte

Limites werden in folgender Weise mit der Funktion `Limit` bestimmt:

In[115]:= **Limit[(x - 1)^2/(x^2 - 1), x -> 1]**

Out[115]=   0

In[116]:= **Limit$\left[\dfrac{(x-1)^2}{x^2-1}, x \to -1\right]$**

Out[116]= $-\infty$

Wir sehen, daß das Symbol `Infinity` oder ∞ vordefiniert ist. Man kann es unter anderem bei Grenzwerten oder Integralen verwenden.

In[117]:= **Limit[Log[x]/x, x -> Infinity]**

Out[117]=   0

Für den obigen Ausdruck $\frac{(x-1)^2}{x^2-1}$ sind bei -1 die Grenzwerte von links und von rechts verschieden.

In[118]:= **Plot$\left[\dfrac{(x-1)^2}{x^2-1}, \{x, -2, 2\}\right]$**

Out[118]=   - Graphics -

Durch Angabe der *Option* `Direction` (+1 für den Grenzwert von links, »in Richtung größerer Werte«, oder -1 für den Grenzwert von rechts, »in Richtung kleinerer Werte«) werden sie unterschieden.

In[119]:= $\text{Limit}\left[\dfrac{(x-1)^2}{x^2-1}, \; x \to -1, \; \text{Direction} \to 1\right]$

Out[119]= ∞

In[120]:= $\text{Limit}\left[\dfrac{(x-1)^2}{x^2-1}, \; x \to -1, \; \text{Direction} \to -1\right]$

Out[120]= $-\infty$

Viele *Mathematica*-Funktionen lassen sich in analoger Weise mit Optionen steuern. Diese werden immer als Transformationsregeln geschrieben. Im zweiten Teil werden wir bei den Grafik-Funktionen viele weitere Beispiele kennenlernen.

▪ Ableitungen

Wir sind der Funktion D zur Berechnung von Ableitungen schon begegnet. Weil sie oft verwendet wird, ist ihr Name (wie auch N) eine der wenigen Ausnahmen in der Namengebung, indem an Stelle eines ganzen englischen Wortes nur ein Buchstabe geschrieben werden muß.

In InputForm-Schreibweise übergibt man zuerst den abzuleitenden Ausdruck und anschließend die Variable oder eine Liste mit der Variablen und der Anzahl Ableitungen nach dieser Variablen.

In[121]:= **D[x^2, x]**

Out[121]= $2\,x$

In[122]:= **D[Sin[x], {x, 2}]**

Out[122]= $-\text{Sin}[x]$

In StandardForm (siehe Palette **BasicCalculations > Calculus > Common Operations**) werden die Eingaben etwas anders geschrieben:

In[123]:= $\partial_x\, x^2$

Out[123]= $2\,x$

In[124]:= $\partial_{\{x,2\}}\, \text{Sin[x]}$

Out[124]= $-\text{Sin}[x]$

In den abzuleitenden Ausdrücken können auch unbekannte Funktionen stehen.

In[125]:= **D[f[x], x]**

Out[125]= f'[x]

Die Schreibweise mit dem Apostroph ist auch für Eingaben zulässig. Dies wird vor allem zur Eingabe von Differentialgleichungen nützlich sein. *Mathematica* behandelt beide Varianten als identisch.

In[126]:= **f'[x] - %**

Out[126]= 0

■ Integrale

Zur Berechnung von Integralen verwenden wir den Funktionsnamen Integrate (Input-Form) oder die Palette **BasicCalculations > Calculus > Common Operations**.

In[127]:= **Integrate[x Sin[x], x]**

Out[127]= -x Cos[x] + Sin[x]

In[128]:= $\int$ **x Cos[x] dx**

Out[128]= Cos[x] + x Sin[x]

Mathematica setzt die Integrationskonstante bei unbestimmten Integralen zu null.

Wie schon langsam zu erwarten ist, werden die Integrationsgrenzen bei bestimmten Integralen zusammen mit der Variablen als Liste übergeben.

In[129]:= **Integrate[x Log[x], {x, a, b}]**

Out[129]= $-\frac{1}{4} a^2 (-1 + 2 Log[a]) + \frac{1}{4} b^2 (-1 + 2 Log[b])$

Mit der Palette ist die Eingabe noch leichter. Wir klicken auf die Vorlage

$$\int_{\square}^{\square} \square \, d\square$$

und springen beim Ausfüllen mit der Tabulatortaste von Platzhalter zu Platzhalter. So erhalten wir zum Beispiel:

In[130]:= $\int_0^{2\pi}$ **(a - a Cos[t])² dt**

Out[130]= $3 a^2 \pi$

Integrale von Ausdrücken mit elementaren Funktionen sind – im Gegensatz zu Ableitungen – oft nicht mehr elementar. Entweder ergeben sich die Resultate als spezielle Funktionen, die im wesentlichen über ihre Eigenschaft als Stammfunktion einer anderen Funktion definiert sind.

In[131]:= $\int$ **Exp[x^2] dx**

Out[131]= $\frac{1}{2} \sqrt{\pi}$ Erfi[x]

Oder das Integral wird unausgewertet zurückgegeben:

In[132]:= $\int_a^b$ **Exp[x^2] Log[x^2] Sin[x^2] dx**

Out[132]= $\int_a^b$ E$^{x^2}$ Log[x^2] Sin[x^2] dx

Mathematica berechnet Integrale übrigens nicht so, wie man es in der Schule gelernt hat. Der im Programm implementierte *Risch*-Algorithmus kann eine ganze Klasse von Integralen berechnen und auch entscheiden, ob das Resultat als Funktion in dieser Klasse existiert oder nicht. Zusätzlich kennt *Mathematica* viele bestimmte Integrale, die sich als Hypergeometrische oder andere spezielle Funktionen schreiben lassen.

Die Funktion NIntegrate erlaubt die numerische Approximation von bestimmten Integralen.

In[133]:= **NIntegrate[Exp[x^2] Log[x^2], {x, 1, 2}]**

Out[133]= 16.1144

▪ Differentialgleichungen

Analog zu Gleichungen werden auch Differentialgleichungen mit == geschrieben. Die funktionale Abhängigkeit von der Variablen muß explizit angegeben werden. Für die Ableitungen schreibt man meist x'[t] statt D[x[t],t].

In[134]:= **x''[t] + x[t] == 0**

Out[134]= x[t] + x″[t] == 0

Die Lösung erhalten wir mit DSolve, wobei die unbekannte Funktion und die unabhängige Variable als weitere Argumente übergeben werden müssen.

In[135]:= **DSolve[x''[t] + x[t] == 0, x[t], t]**

Out[135]= {{x[t] → C[2] Cos[t] - C[1] Sin[t]}}

Die Konstanten C[1] und C[2] müssen aus den Anfangsbedingungen ermittelt werden. Falls diese schon festgelegt sind, schreibt man die Differentialgleichung zusammen mit den Anfangsbedingungen als Gleichungssystem.

In[136]:= **DSolve[{x''[t] + x[t] == 0, x[0] == 1, x'[0] == 0}, x[t], t]**

Out[136]= {{x[t] → Cos[t]}}

Wie bei den Gleichungen können wir die Resultatfunktion folgendermaßen herausziehen:

In[137]:= **x[t] /. %[[1]]**

Out[137]= Cos[t]

Auch Differentialgleichungen sind selten geschlossen lösbar.

In[138]:= **DSolve[x''[t] + Sin[x[t]] == 0, x, t]**

```
Solve::verif :
 Potential solution {x[t] → ComplexInfinity} cannot be verified
   automatically. Verification may require use of limits.

Solve::ifun : Inverse functions are being
   used by Solve, so some solutions may not be found.

Solve::verif :
 Potential solution {x[t] → ComplexInfinity} cannot be verified
   automatically. Verification may require use of limits.

Solve::ifun : Inverse functions are being
   used by Solve, so some solutions may not be found.

Solve::verif :
 Potential solution {x[t] → ComplexInfinity} cannot be verified
   automatically. Verification may require use of limits.

General::stop : Further output of
   Solve::verif will be suppressed during this calculation.

Solve::ifun : Inverse functions are being
   used by Solve, so some solutions may not be found.

General::stop : Further output of
   Solve::ifun will be suppressed during this calculation.
```

Out[138]= DSolve[Sin[x[t]] + x''[t] == 0, x, t]

NDSolve liefert in solchen Fällen wenigstens eine numerische Lösung.

```
In[139]:= NDSolve[{x''[t] + Sin[x[t]] == 0, x[0] == 1, x'[0] == 0},
          x[t], {t, 0, 10}]
```

```
Out[139]= {{x[t] → InterpolatingFunction[{{0., 10.}}, <>][t]}}
```

Die numerische Resultatfunktion läßt sich wie gewohnt herausziehen

```
In[140]:= x[t] /. %[[1]]
```

```
Out[140]= InterpolatingFunction[{{0., 10.}}, <>][t]
```

und auswerten

```
In[141]:= % /. t -> 1.5
```

```
Out[141]= 0.166936
```

oder, was wir im 2. Teil studieren werden, grafisch darstellen:

```
In[142]:= Plot[%%, {t, 0, 10}]
```

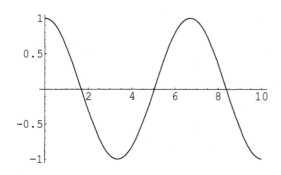

```
Out[142]= - Graphics -
```

■ Vertiefung

● Lösungen von Differentialgleichungen als Reine Funktionen

Oft ist es praktischer, die Lösung einer Differentialgleichung als Transformationsregel für x selbst zu verlangen.

```
In[143]:= DSolve[{x''[t] + x[t] == 0, x[0] == 1, x'[0] == 0}, x, t]
```

```
Out[143]= {{x → (Cos[#1] &)}}
```

Damit entsteht eine sogenannte *Reine Funktion* (siehe Abschnitt 3.2.3), die aber genau gleich wie oben ausgewertet werden kann.

In[144]:= `x[t] /. %[[1]]`

Out[144]= `Cos[t]`

Mit Hilfe der Reinen Funktion können wir die Lösung verifizieren.

In[145]:= `{x''[t] + x[t] == 0, x[0] == 1, x'[0] == 0} /. %%[[1]]`

Out[145]= `{True, True, True}`

▪ Übungen

● Grenzwert

Berechnen Sie den links- und den rechtsseitigen Grenzwert von $2^{-\frac{1}{x}}$ für x gegen 0.

● Ableitungen

Berechnen Sie die Ableitung von x^{x^t}.

Haben Sie `x^(x^x)` oder `(x^x)^x` berechnet? Ergibt sich ein Unterschied?

Berechnen Sie die zweite Ableitung von $\sin(f(t))\cos(f(t))$ nach t. Dabei ist $f(t)$ eine beliebige Funktion von t.

● Integral

Wir betrachten den folgenden Ausdruck:

`Exp[-x] Sin[x]`^{2}

Berechnen Sie das unbestimmte Integral, das bestimmte Integral im Intervall [-1,1] und das bestimmte Integral im Intervall [0,∞).

Verwenden Sie auch noch die numerische Funktion `NIntegrate` zur Ermittlung der beiden bestimmten Integrale. Wie genau stimmen die symbolischen und die numerischen Resultate überein?

● Differentialgleichungen

Lösen Sie das Differentialgleichungssystem $\{x(t) + x'(t) = y(t), x(t) + y'(t) = 1\}$ und vereinfachen Sie das Resultat. (Die Dokumentation von `DSolve` erklärt, wie Differentialgleichungssysteme gelöst werden können.)

2.Teil: Grafik

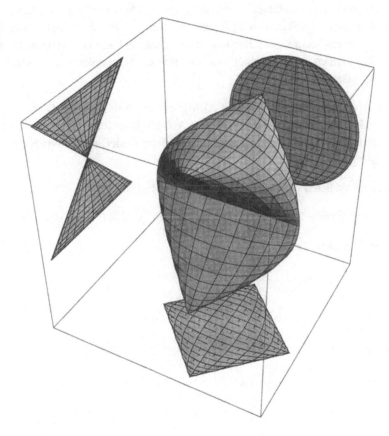

Die Grafik ist ein ins Auge stechender, attraktiver Bestandteil von *Mathematica*. In diesem Teil werden die verschiedenen Varianten zur Darstellung von Abbildungen, die Möglichkeiten zur Veränderung der entsprechenden Grafiken und zu ihrem Export in andere Programme vermittelt.

■ 2.1 Grafen von Funktionen einer Variablen

Zu Beginn eine Bemerkung zur Terminologie: Der Begriff *Graf* ist mathematisch definiert. Im Computerprogramm können wir nur endlich viele Punkte des Grafen visualisieren. Zur Orientierung lassen wir uns meist auch Achsen, Beschriftungen etc. anzeigen. Wir wollen hier das so entstehende Objekt immer noch als »Graf« bezeichnen. In *Mathematica* lassen sich aber auch Grafiken erzeugen, die nur mit Gewalt als Grafen interpretiert werden können (zum Beispiel aus Kreisen, Rechtecken und Linien zusammengestellte Skizzen, Balkengrafiken etc.). Deshalb soll in unserer Terminologie ein »Graf« ein Spezialfall einer »Grafik« sein.

Beim Zeichnen von Grafen ist es wichtig, sich zuerst Klarheit über die Dimension des Definitions- und Zielbereichs der darzustellenden Abbildung zu verschaffen. Daraus ergibt sich sofort die richtige *Mathematica*-Funktion. Die Palette **BasicCalculations** > **Graphics** enthält die wichtigsten Vorlagen.

In diesem Kapitel studieren wir Grafen von Funktionen $\mathbb{R} \to \mathbb{R}$.

Wir erzeugen vorerst mit `Plot` einen Grafen der Funktion $x \to \sin(x)$ über eine Periode.

In[1]:= `Plot[Sin[x], {x, 0, 2 Pi}]`

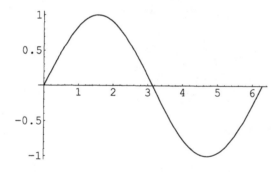

Out[1]= `- Graphics -`

Wir unterdrücken bei den folgenden Grafiken die nicht sehr aussagekräftigen Ausgabezellen mit einem Strichpunkt.

Durch Angabe einer Liste können wir auch mehrere Funktionen gleichzeitig darstellen.

In[2]:= **Plot[{Sin[x], Sin[2x], Sin[3x]}, {x, 0, 2π}];**

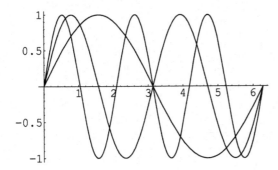

Natürlich kann die Funktion auch zuerst definiert und anschließend grafisch dargestellt werden.

In[3]:= **funktion1[x_] = $\dfrac{\text{Sin[x]}}{\text{x}}$;**

In[4]:= **Plot[funktion1[x], {x, 0, 2π}];**

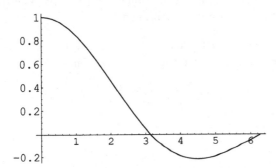

Die Funktionsdefinition wurde bewußt mit einer sofortigen Definition geschrieben, weil es sich hier nur um eine Abkürzung handelt und die rechte Seite der Definition nicht bei jedem Aufruf noch speziell ausgewertet werden muß. Eine verzögerte Definition produziert wohl genau das gleiche Resultat, hat aber den Nachteil, daß sie bei der Berechnung des Grafen in jedem Schritt ausgewertet werden muß. Solche Effekte können sich bei sehr großen Rechnungen in wesentlich höherem Zeitaufwand äußern.

In[5]:= **funktion2[x_] := $\dfrac{\text{Sin[x]}}{\text{x}}$**

In[6]:= **Plot[funktion2[x], {x, 0, 2 π}];**

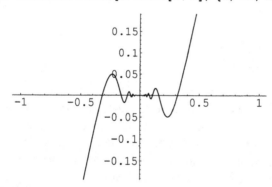

Wir können die Plot-Funktionen durch Angabe von *Optionen* in verschiedener Weise verändern. Die Optionen werden als Transformationsregeln der Form *Optionsname ->* *Wert* angegeben. Wenn wir die Dokumentation von Plot im *Help Browser* studieren, finden wir die spezifischen Optionsmöglichkeiten von Plot (Compiled etc.) sowie die Angabe, daß alle Optionen von Graphics-Objekten ebenfalls möglich sind. Dort (Hyperlink Graphics auf zweitunterster Zeile der Plot-Dokumentation anklicken) sehen wir eine lange Liste (AspectRatio bis Ticks) mit den zugehörigen Vorgabewerten. Jede Option ist natürlich selbst auch wieder dokumentiert.

Wir verwenden nun einige der gängigsten Optionen, um die Grafik unseren Wünschen anzupassen. Mit einer sofortigen Definition geben wir ihr einen Namen:

In[7]:= **demoPlot = Plot[x^2 Sin[1 / x], {x, -π, π}];**

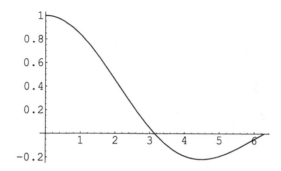

Offensichtlich wird der Wertebereich in diesem Fall von *Mathematica* automatisch begrenzt. Vielleicht interessiert das lineare Verhalten der Funktion bei großen Argumenten; dann müssen wir mit PlotRange->All den vollen Wertebereich verlangen.

In[8]:= **Plot** $\left[\mathbf{x^2 \, Sin}\left[\dfrac{1}{\mathbf{x}} \right], \ \{\mathbf{x, \ -\pi, \ \pi}\}, \ \mathbf{PlotRange \ -> \ All} \right];$

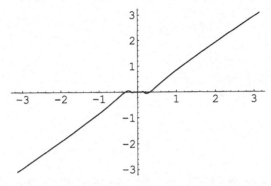

Der Optionswert AspectRatio->Automatic skaliert die beiden Achsen gleich. Mit ImageSize geben wir die gewünschte Größe des Bildes an.

In[9]:= **Show[%, AspectRatio -> Automatic, ImageSize -> 150];**

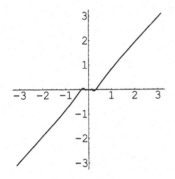

Statt bei jeder veränderten Option die ganze Grafik neu berechnen zu lassen, kann sie auch mit dem Show-Befehl und eventuell veränderten Optionen nur nochmals gezeichnet werden.

Mit AxesOrigin läßt sich das Achsenkreuz verschieben.

ln[10]:= **Show[demoPlot, AxesOrigin → {-1, 0}];**

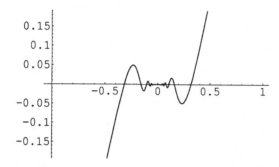

Mit `AxesLabel` können wir die Achsen beschriften. Bei den Beschriftungen handelt es sich um Zeichenketten (*strings*), die in Gänsefüßchen gesetzt werden müssen.

ln[11]:= **Show[demoPlot, AxesOrigin → {-1, 0},**
         AxesLabel → {"x", "x² Sin[x]"}];

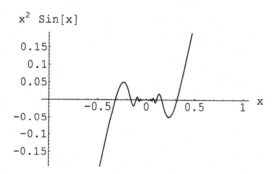

Die Option `PlotLabel` ergibt einen Titel.

ln[12]:= **Show[demoPlot, AxesOrigin → {-1, 0},**
         PlotLabel → "Plot von x² Sin[x]"];

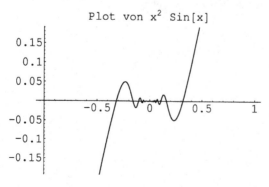

■ Vertiefung

● Rahmen

Mit Frame->True erzeugen wir einen Rahmen um den Grafen.

In[13]:= **Show[demoPlot, Frame -> True];**

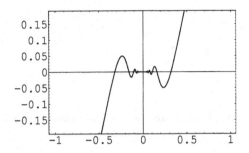

Mit Axes->False wird das Zeichnen der Achsen unterdrückt.

In[14]:= **Show[demoPlot, Frame -> True, Axes -> False];**

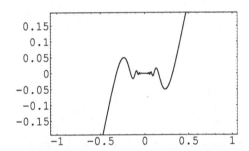

GridLines->Automatic zeichnet ein Gitter.

In[15]:= **Show[demoPlot, Frame -> True, GridLines -> Automatic];**

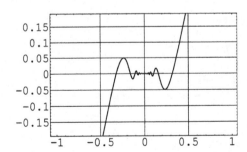

FrameLabel erzeugt Beschriftungen der Achsen (die Schrift erscheint im Ausdruck vertikal).

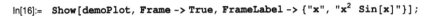

In[16]:= **Show[demoPlot, Frame -> True, FrameLabel -> {"x", "x² Sin[x]"}];**

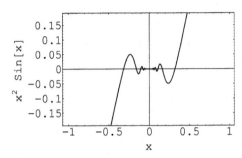

• Veränderung der Schriften

Mit der Option TextStyle, deren Wert aus einer Liste von Unteroptionen besteht, verändern wir die Darstellung des Textes.

In[17]:= **Show[demoPlot, TextStyle ->**
{FontFamily -> "Times", FontSlant -> "Italic", FontSize -> 9}];

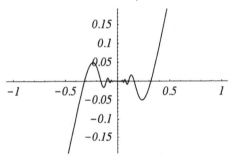

Vielleicht soll nur der Titel anders dargestellt werden. Dies erreichen wir folgendermaßen:

In[18]:= **Show[demoPlot, AxesOrigin → {-1, 0},**
PlotLabel → StyleForm["Plot von x² Sin[x]",
FontFamily -> "Times", FontSlant -> "Italic", FontSize -> 12]];

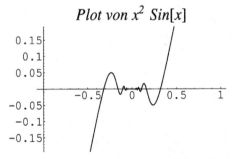

Bei StyleForm kann auch ein vordefinierter Stil des Notebooks benutzt werden.

In[19]:= **Show[demoPlot, AxesOrigin → {-1, 0},**
 PlotLabel → StyleForm["Plot von x² Sin[x]", "Section"]];

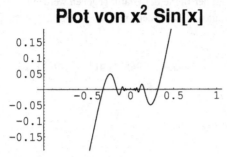

Oder wir setzen eine Formel in den Titel.

In[20]:= **Show[demoPlot, AxesOrigin → {-1, 0},**
 PlotLabel → TraditionalForm[x² Sin[x]],
 TextStyle -> {FontFamily -> "Times", FontSize -> 9}];

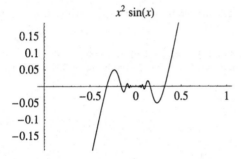

• Veränderung der Linien

Mit der Option PlotStyle verändern wir Strichdicken oder erzeugen gestrichelte Linien. Weil dies eine Option von Plot und nicht von Graphics ist, funktioniert hier die Anzeige mit Show nicht und der Graf muß zum Ändern der Linien neu berechnet werden. Mit AbsoluteThickness wird die Strichdicke auf eine gegebene Anzahl Pixel gesetzt.

In[21]:= **Plot[x² Sin[1/x], {x, -π, π}, PlotStyle -> AbsoluteThickness[2]];**

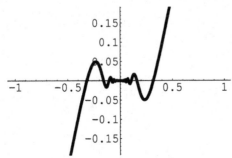

Durch Angabe des Optionswerts Dashing können wir gestrichelte Linien zeichnen. Das Argument bezeichnet die Längen der Striche und der Unterbrüche. Wie bei den Strichdicken gibt es zwei Versionen: solche, deren Längen als Bruchteil der Breite der Grafik gegeben werden (Thickness, Dashing) und andere, welche in absoluten Pixelzahlen rechnen (AbsoluteThickness, AbsoluteDashing).

In[22]:= `Plot[x² Sin[ 1/x ], {x, -π, π}, PlotStyle -> Dashing[{.1, .02}]];`

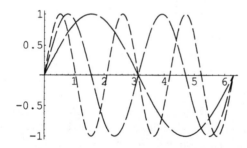

Beim Zeichnen von mehreren Funktionen in einer Grafik werden diese von PlotStyle zyklisch behandelt.

In[23]:= `Plot[{Sin[x], Sin[2 x], Sin[3 x]}, {x, 0, 2 π}, PlotStyle ->`
`{Dashing[{.2, .02}], Dashing[{.1, .02}], Dashing[{.05, .02}]}];`

Farben können bequem mit der Funktion Hue definiert werden, welche bei Angabe eines Arguments im Intervall [0,1] den Farbkreis bei voller Helligkeit und Sättigung abbildet.

In[24]:= **Plot[Evaluate[Table[x^n, {n, 0, 10}]],**
          {x, 0, 1}, PlotStyle -> Table[Hue[n / 11], {n, 0, 10}],
          PlotRange -> All, AspectRatio -> Automatic];

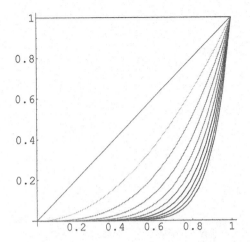

Wir haben – als Vorgriff – die Funktion Table zur bequemen Erzeugung einer Liste verwendet und das erste Argument von Plot mit Evaluate vor dem Plot-Befehl ausgewertet. Letzteres ist nötig, weil Plot nur explizit angegebene Listen verarbeitet.

• Ausgabe unterdrücken

Manchmal ist es nützlich, die Ausgabe der Grafik zu unterdrücken. Dies geschieht mit der Option DisplayFunction->Identity.

In[25]:= **Show[demoPlot, DisplayFunction -> Identity]**

Out[25]= • Graphics •

Mit DisplayFunction->$DisplayFunction wird die Anzeige wiederhergestellt. ($DisplayFunction ist eine sogenannte *globale Variable*.)

In[26]:= **Show[%, GridLines -> Automatic, DisplayFunction -> $DisplayFunction];**

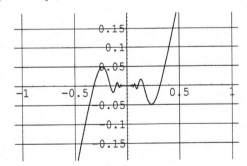

• Pole und Singularitäten

Plot verhält sich sogar bei Polen und Singularitäten oft automatisch gutmütig.

In[27]:= `Plot[1 / (x - 1), {x, -1, 3}];`

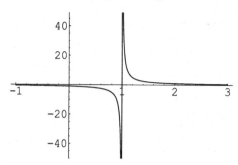

In[28]:= `Plot[Sin[1 / x], {x, 0, .1}];`

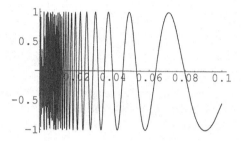

Hier sollte vielleicht der Vorgabewert für `PlotPoints` vergrößert werden. Dabei handelt es sich um die Zahl der zuerst berechneten Stützpunkte, bevor der Algorithmus das Bild adaptiv verfeinert.

In[29]:= `Plot[Sin[1 / x], {x, 0, .1}, PlotPoints -> 200];`

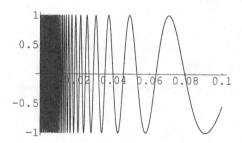

• Grafiken übereinanderlegen

`Show` kann auch verwendet werden, um nachträglich mehrere Grafiken übereinanderzulegen.

In[30]:= **Plot[Exp[-x], {x, 0, 2 Pi}];**

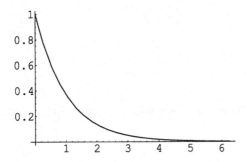

In[31]:= **Plot[Sin[x], {x, 0, 2 Pi}];**

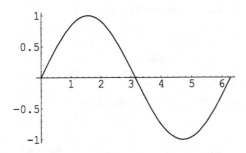

In[32]:= **Plot[Sin[x] Exp[-x], {x, 0, 2 Pi}];**

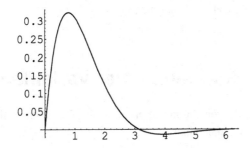

In[33]:= **Show[%, %%, %%%];**

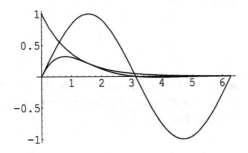

Wir werden im Kapitel »Hilfsmittel aus Standard-Paketen« noch weitere nützliche Werkzeuge zur Darstellung von Grafiken kennenlernen.

■ Übungen

● Grafen zeichnen

Zeichnen Sie einzeln die Grafen der Funktionen $x \rightarrow \sinh(x)$, $x \rightarrow \cosh(x)$ und $x \rightarrow \tanh(x)$ im Intervall [-2,2].

● Mehrere Grafen

Zeichnen Sie die obigen Grafen nun in einem Bild.

Unterscheiden Sie die drei Kurven durch verschieden gestrichelte Linien.

● Variationen

Zeichnen Sie einen Rahmen mit Gitternetz um die obige Grafik.

Beschriften Sie die x-Achse und setzen Sie einen Titel.

Verwenden Sie schließlich noch den Zeichensatz *Times* für die Beschriftungen.

● Arkussinus

Zeichnen Sie den Grafen der Funktion $x \rightarrow \arcsin(x)$. (Was ist hier der Definitionsbereich?)

Beschriften Sie beide Achsen.

Benutzen Sie `TraditionalForm` für die Beschriftung der Ordinate.

■ 2.2 Grafen von Funktionen zweier Variablen

In diesem Kapitel studieren wir Grafen von Abbildungen $\mathbb{R}^2 \rightarrow \mathbb{R}$. Wir können sie als Flächen, Höhenlinien oder Dichtegrafiken darstellen.

Die entsprechenden *Mathematica*-Funktionen finden wir in der Palette **BasicCalculations > Graphics** oder in der elektronischen Dokumentation.

■ 2.2.1 Flächen

Bei der Darstellung als Fläche wird der rechteckige Definitionsbereich als Grundfläche eines Quaders und der Wertebereich in vertikaler Richtung abgebildet. Der Graf ist damit eine über der Grundfläche des Quaders liegende Fläche im Raum.

In[34]:= **sattel = Plot3D[x² - y², {x, -1, 1}, {y, -1, 1}];**

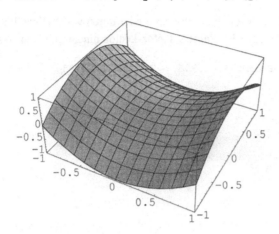

Verschiedene der möglichen Optionen (siehe Dokumentation von Plot3D und Graphics3D) heißen gleich und funktionieren analog zu denjenigen von Graphics-Objekten.

In[35]:= **Show[sattel, PlotLabel → x² - y²];**

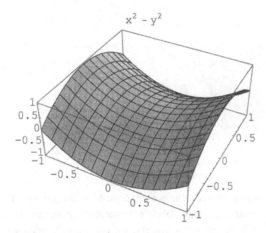

Wir wollen hier und in der Vertiefung nur die wichtigsten zusätzlichen Optionen für dreidimensionale Objekte an Beispielen kennenlernen.

Mit ViewPoint können wir unseren Standort verändern. Am einfachsten wählen wir ihn mit dem im Menü **Input > 3D ViewPoint Selector** abrufbaren Dialogfenster. Dort erscheint ein Würfel, der sich mit der Maus oder durch Angabe der Standort-Koordinaten drehen läßt. Wir verschieben die vordere Kante nach oben. Nach dem Drücken des **Paste**-Knopfs wird folgende Zelle erzeugt:

```
ViewPoint -> {1.306, -3.120, 0.109}
```

Diese Regel können wir in die Show-Funktion kopieren oder durch vorgängiges Plazieren der Einfügemarke direkt aus dem **3D ViewPoint Selector**-Dialog hineinschreiben lassen.

In[36]:= **Show[sattel, ViewPoint -> {1.306, -3.120, 0.109}];**

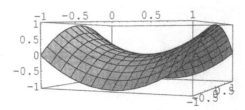

■ Vertiefung

● Würfel und Achsen

Die Option Boxed steuert das Zeichnen des umschreibenden Quaders.

In[37]:= **Show[sattel, Boxed -> False];**

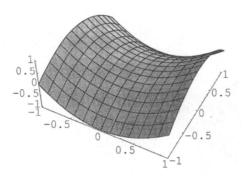

Mit AxesEdge können wir die Positionierung der Achsen verändern. Man übergibt eine Liste von drei Paaren, welche für die *x*-, *y*-, *z*-Achsen angeben, ob die entsprechende Achse in den anderen Richtungen bei größeren (+1) oder bei kleineren (−1) Koordinaten gezeichnet werden soll (siehe Dokumentation von AxesEdge).

In[38]:= **Show[sattel, AxesEdge -> {{-1, -1}, {-1, 1}, {1, 1}}];**

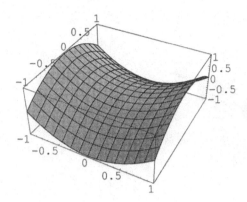

Axes->False unterdrückt die Achsen.

In[39]:= **Show[%%, Axes -> False];**

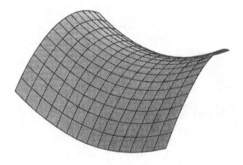

• Farben

Der Optionswert Lighting->False schaltet die Beleuchtung aus.

In[40]:= **Show[%, Lighting -> False];**

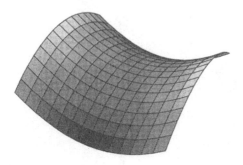

So erhalten wir eine diffuse Umgebungsbeleuchtung:

In[41]:= **Show[sattel, AmbientLight -> Hue[1]];**

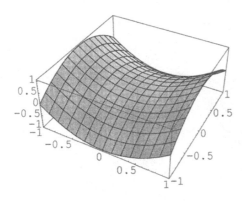

Die Farbe der Linien und des Textes kann mit DefaultColor verändert werden.

In[42]:= **Show[sattel, DefaultColor -> Hue[.6]];**

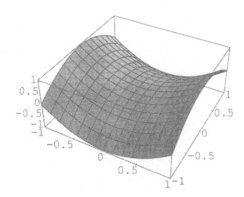

Die drei Lichtquellen `LightSources` sind vorerst auf folgenden Wert gestellt.

```
LightSources -> {{{1, 0, 1}, RGBColor[1, 0, 0]},
    {{1, 1, 1}, RGBColor[0, 1, 0]}, {{0, 1, 1}, RGBColor[0, 0, 1]}}
```

Dabei steht *RGB* in `RGBColor` für die Anteile von *R*ot, *G*rün und *B*lau (englisch »red«, »green«, »blue«) und die vorangestellte Liste bestimmt die Koordinaten der Quelle.

```
In[43]:=  Show[sattel, LightSources -> {{{1, 0, 1}, RGBColor[1, 0, 0]},
          {{1, 1, 1}, RGBColor[0, 1, 0]}, {{0, 1, 1}, RGBColor[0, 0, 1]}}}];
```

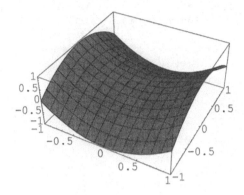

Wir können sie auch verändern.

```
In[44]:=  Show[sattel, LightSources -> {{{0, -1, 1}, RGBColor[1, 0, 0]},
          {{0, 0, -1}, RGBColor[0, 1, 0]}, {{0, 1, 1}, RGBColor[0, 0, 1]}}}];
```

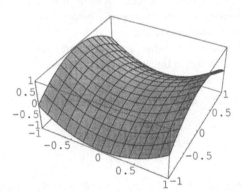

• Kugel, erster Versuch

Nun versuchen wir, eine Einheitskugel zu zeichnen.

ln[45]:= **Plot3D[Sqrt[1-x^2-y^2], {x, -1, 1}, {y, -1, 1}];**

Plot3D::gval : Function value 0. + 1. I
   at grid point xi = 1, yi = 1 is not a real number.

Plot3D::gval : Function value 0. + 0.857143 I
   at grid point xi = 1, yi = 2 is not a real number.

Plot3D::gval : Function value 0. + 0.714286 I
   at grid point xi = 1, yi = 3 is not a real number.

General::stop : Further output of
   Plot3D::gval will be suppressed during this calculation.

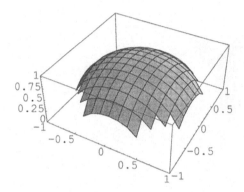

Es ergeben sich verschiedene Probleme:

• Wir können nur einen rechteckigen Definitionsbereich angeben. Außerhalb des Einheitskreises wird der Wurzelausdruck aber komplex. Deshalb produziert *Mathematica* Fehlermeldungen.

• Auf Grund des rechteckigen Gitters entstehen häßliche Schnitte.

• Wir können mit Plot3D nur *eine* Funktion darstellen und verlieren deshalb die untere Halbkugel. Dieses Problem ließe sich lösen, indem man die untere Halbkugel separat zeichnet und danach die beiden Halbkugeln in einem Show-Befehl zusammenfaßt.

Ein akzeptables Bild erhalten wir erst später, mit Hilfe einer geschickten parametrischen Darstellung.

■ 2.2.2 Höhenlinien

Oft ist eine andere Veranschaulichung von Abbildungen $\mathbb{R}^2 \to \mathbb{R}$ aufschlußreich. Mit ContourPlot betrachtet man den rechteckigen Definitionsbereich von oben und zeichnet die Höhenlinien der Funktion.

In[46]:= **sattel2 =**
ContourPlot[x² - y², {x, -1, 1}, {y, -1, 1}, ImageSize -> 180];

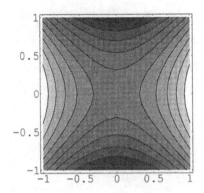

Hierzu finden wir die möglichen Optionen unter der Dokumentation von ContourPlot und ContourGraphics.

Die Schattierung kann auch farbig sein oder weggelassen werden.

In[47]:= **Show[sattel2, ColorFunction -> Hue, ImageSize -> 180];**

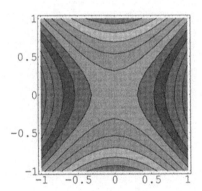

In[48]:= **Show[sattel2, ContourShading -> False, ImageSize -> 180];**

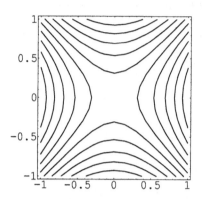

Die Option Contours steuert die zu zeichnenden Höhenlinien. Wir geben entweder ihre Anzahl an oder eine Liste mit den gewünschten Werten.

In[49]:= **Show[%, Contours -> 30, ImageSize -> 180];**

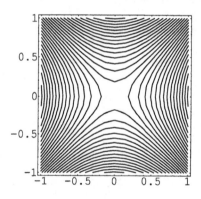

In[50]:= **Show[%, Contours -> {0}, ImageSize -> 180];**

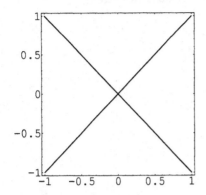

Das sind natürlich die Nullstellen von $x^2 - y^2$.

■ 2.2.3 Dichtegrafiken

Bei Dichtegrafiken mit DensityPlot werden die Werte auf Grau- oder Farbstufen abgebildet.

In[51]:= **DensityPlot[$x^2 - y^2$, {x, -1, 1}, {y, -1, 1}, ImageSize -> 180];**

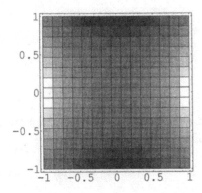

Das Gitter kann mit PlotPoints verfeinert werden.

In[52]:= **sattel3 = DensityPlot[x² - y², {x, -1, 1},**
          {y, -1, 1}, PlotPoints -> 50, ImageSize -> 180];

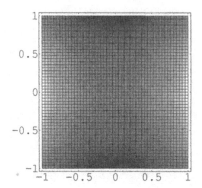

Die farbige Variante ergibt, vor allem auf dem Bildschirm, ein deutlicheres Bild.

In[53]:= **Show[%, ColorFunction -> Hue, ImageSize -> 180];**

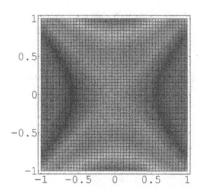

Das ist ähnlich wie die eingefärbte Version von ContourPlot. Hier wird aber unabhängig vom Verlauf der Funktion ein regelmäßiges Gitter eingefärbt.

■ Vertiefung

● **Grafiken konvertieren**

Die verschiedenen dreidimensionalen Grafik-Objekte lassen sich ineinander verwandeln.

In[54]:= **Show[ContourGraphics[%], ImageSize -> 160];**

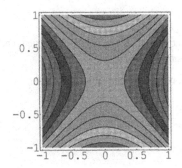

In[55]:= **Show[SurfaceGraphics[%], ImageSize -> 160];**

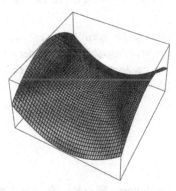

In[56]:= **Show[DensityGraphics[sattel], ImageSize -> 160];**

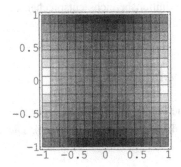

■ Übungen

● Grafen zeichnen

Zeichnen Sie den Grafen der Abbildung $(x, y) \to \sin(x\,y)$ je als Fläche, mit Höhenlinien und als Dichtegrafik. Wählen Sie als Definitionsbereich das Rechteck $[0,2\pi] \times [0,2\pi]$.

Spielen Sie gegebenenfalls mit der Anzahl `PlotPoints`, um ein schönes Bild zu erhalten.

● Variationen

Färben Sie die Höhenlinien und die Dichtegrafik ein.

Drehen Sie die Fläche, so daß man von unten auf sie blickt.

● Arkustangens

Zeichnen Sie den Grafen der Abbildung $(x, y) \to \arctan(\frac{y}{x})$ als Fläche. Wählen Sie als Definitionsbereich das Rechteck $[-1,1] \times [-1,1]$.

Die Fläche ist wahrscheinlich nicht die erwartete. Man zeichnet ja für jeden Punkt der Ebene den Winkel zwischen dem Strahl vom Ursprung zum Punkt und der x-Achse. Deshalb ist der Sprung längs der y-Achse etwas seltsam. Er hat mit der Wahl des Astes der `ArcTan`-Funktion in *Mathematica* zu tun. Studieren Sie dazu die Dokumentation und finden Sie eine bessere Lösung.

■ 2.3 Parametrische Plots

Mit sogenannten *parametrischen Plots* können Abbildungen $\mathbb{R} \to \mathbb{R}^2$, $\mathbb{R} \to \mathbb{R}^3$ oder $\mathbb{R}^2 \to \mathbb{R}^3$ visualisiert werden, indem man das Bild des Definitionsbereichs unter der Abbildung zeichnet. Je nach der Dimension des Definitionsbereichs entsprechen sie den Bildern von Parameterdarstellungen von Kurven oder Flächen.

■ 2.3.1 Zweidimensionale parametrische Plots

Hier betrachtet man eine Abbildung $\mathbb{R} \to \mathbb{R}^2$, also die Parameterdarstellung einer Kurve in der Ebene, und zeichnet mit `ParametricPlot` das Abbild eines Intervalls. Die x-y-Koordinaten werden als Liste geschrieben.

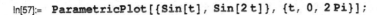

In[57]:= `ParametricPlot[{Sin[t], Sin[2 t]}, {t, 0, 2 Pi}];`

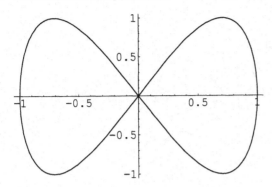

Die Angabe von mehreren Abbildungen ist auch möglich.

In[58]:= `ParametricPlot[`
`{{Sin[t], Sin[2 t]}, {Sin[t], Sin[4 t]}}, {t, 0, 2 Pi}];`

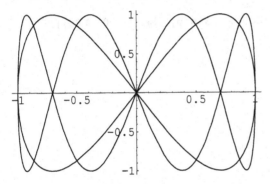

Es können die gleichen Optionen wie bei `Plot` verwendet werden.

■ 2.3.2 Dreidimensionale parametrische Plots

Nun studieren wir Abbildungen $\mathbb{R} \to \mathbb{R}^3$ oder $\mathbb{R}^2 \to \mathbb{R}^3$. Ihre Bilder sind Kurven oder Flächen im Raum $\mathbb{R}^3$, welche wir einfach zeichnen können. Für beide Varianten ist die Funktion `ParametricPlot3D` zuständig.

Wir zeichnen zuerst zwei durch ihre Parameterdarstellung gegebene Raumkurven.

In[59]:= **ParametricPlot3D[{Sin[t], Sin[2 t], Sin[4 t] / 2}, {t, 0, 2 Pi}];**

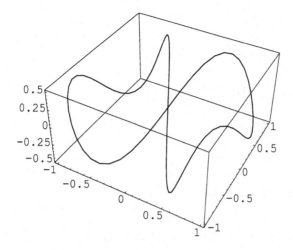

In[60]:= **ParametricPlot3D[{Cos[φ], Sin[φ], φ}, {φ, 0, 4 Pi}];**

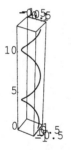

Das zweite Bild wird schöner, wenn wir einen Quader mit gleichen Kantenlängen zeichnen lassen.

In[61]:= **Show[%, BoxRatios -> {1, 1, 1}];**

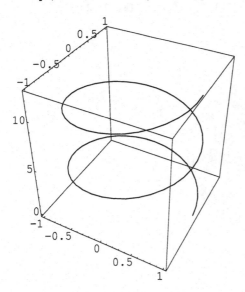

Mit parametrischen Plots können wir auch Flächen im Raum darstellen, welche keinen Grafen von (eindeutigen) Abbildungen $\mathbb{R}^2 \to \mathbb{R}$ entsprechen. Die Oberfläche der Einheitskugel ist ein solches Beispiel, da bei der Auflösung der impliziten Definition $x^2 + y^2 + z^2 = 1$ nach einer Variablen beide Vorzeichen möglich sind.

Wir können die Kugeloberfläche aber durch Kugelkoordinaten parametrisieren.

In[62]:= **x[θ_, ψ_] = Sin[θ] Cos[ψ];**

In[63]:= **y[θ_, ψ_] = Sin[θ] Sin[ψ];**

In[64]:= **z[θ_] = Cos[θ];**

Die Kugelfläche ist dann das Bild des Rechtecks $[0,\pi] \times [0,2\pi)$ unter der obigen Abbildung.

In[65]:= **ParametricPlot3D[**
        {x[ϑ, ψ], y[ϑ, ψ], z[ϑ]}, {ϑ, 0, π}, {ψ, 0, 2π}];

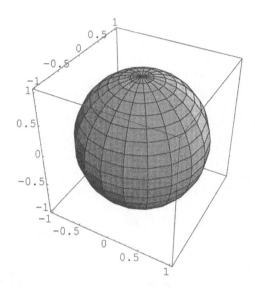

Die Definitionen für x, y und z waren etwas ungeschickt. Sie werden in der ganzen weiteren Sitzung angewendet, wann immer in einer Formel eines der Symbole mit einem Argument vorkommt.

In[66]:= **z[1]^2**

Out[66]= $\text{Cos}[1]^2$

Wir löschen die Definitionen besser wieder und erzeugen die Grafik direkt:

In[67]:= **Clear[x, y, z]**

In[68]:= `ParametricPlot3D[{Sin[ʘ] Cos[ψ], Sin[ʘ] Sin[ψ], Cos[ʘ]},`
         `{ʘ, 0, π}, {ψ, 0, 2 π}, ImageSize -> 200];`

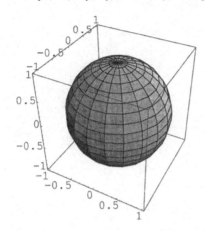

Es ist einfach, Einsicht in die Kugel zu erhalten

In[69]:= `ParametricPlot3D[{Sin[ʘ] Cos[ψ], Sin[ʘ] Sin[ψ], Cos[ʘ]},`
         `{ʘ, π / 4, π}, {ψ, 0, 2 π}, ImageSize -> 200];`

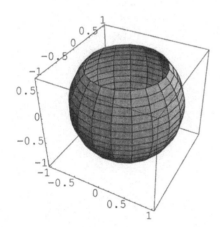

und von näher und weiter oben hineinzuschauen.

In[70]:= **Show[%, ViewPoint -> {0.313, -0.406, 0.859}, ImageSize -> 200];**

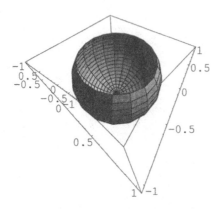

Kleine Veränderungen ergeben hübsche andere Flächen:

In[71]:= **ParametricPlot3D[{Sin[ʘ] Cos[ψ], Sin[ʘ] Sin[ψ], Cos[3 ʘ]},**
{ʘ, 0, π}, {ψ, 0, 3 π / 2}, ImageSize -> 200];

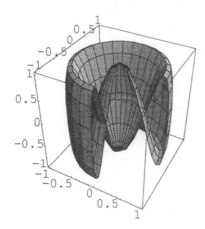

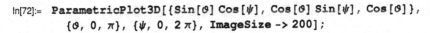

```
In[72]:=  ParametricPlot3D[{Sin[ϑ] Cos[ψ], Cos[ϑ] Sin[ψ], Cos[ϑ]},
          {ϑ, 0, π}, {ψ, 0, 2 π}, ImageSize -> 200];
```

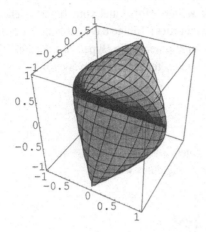

■ Übungen

• Torus

Ein Torus kann durch folgende x-, y-, z-Koordinatenfunktionen parametrisiert werden:

$$\{Cos[\varphi]\ (a+b\,Cos[\psi]),\ Sin[\varphi]\ (a+b\,Cos[\psi]),\ b\,Sin[\psi]\}$$

Setzen Sie $a = 2$ und $b = 1$. Zeichnen Sie nun das Abbild des Rechtecks $[0,2\pi)\times[0,2\pi)$ und überlegen Sie sich die Bedeutung der Größen in der Parameterdarstellung.

Bemerkung: Falls Sie für das Einsetzen der Werte Transformationsregeln verwenden, so wird eventuell eine Meldung erscheinen, daß die zu zeichnende Funktion nicht kompiliert werden könne. In diesem Fall sollte ihre Auswertung mit einem Evaluate vorgezogen werden:

```
PlotFunktion[
  Evaluate[{Cos[φ] (a + b Cos[ψ]), …} /. {a → 2, b → 1}],
  {…}, {…}]
```

• »Aufschneiden«

Bei der Wahl $a = 1$ und $b = 2$ durchschneidet sich die obige Torusfläche selbst. Überzeugen Sie sich davon, indem Sie das Objekt geeignet aufschneiden.

■ 2.4 Hilfsmittel aus Standard-Paketen

In den zuladbaren Standard-Paketen sind viele weitere Hilfsmittel vordefiniert (siehe *Help Browser* > **Add-ons** > **Standard Packages** > **Graphics**). Einige davon sollen hier exemplarisch angesprochen werden. (In Version 3.0.x funktionieren die Hyperlinks auf Funktionen aus Standard-Paketen noch nicht. Dies wird sich in späteren Versionen ändern.)

Der Befehl

```
In[73]:=  << Graphics`
```

macht alle Definitionen aus den einzelnen Paketen im Verzeichnis Graphics` verfügbar. Er muß vor allen untenstehenden Beispielen ausgeführt werden.

■ 2.4.1 Niveauflächen im Raum

Das Paket Graphics`ContourPlot3D` enthält die Funktion ContourPlot3D, mit der, analog zu ContourPlot, die Flächen gezeichnet werden, auf denen eine Abbildung $\mathbb{R}^3 \to \mathbb{R}$ konstante Werte annimmt.

Ohne explizite Angabe für die Option Contours (reelle Zahlen eingeben!) werden nur die Nullstellen gezeichnet.

```
In[74]:=  ContourPlot3D[x^2 - y^2 + z^2, {x, -2, 2},
            {y, -2, 2}, {z, -2, 2}, ImageSize -> 200];
```

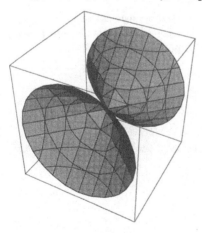

In[75]:= `ContourPlot3D[x^2 - y^2 + z^2, {x, -2, 2}, {y, -2, 2},`
`{z, -2, 2}, Contours -> {-1., 0., 1.}, ImageSize -> 200];`

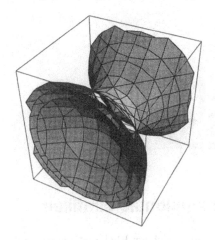

■ 2.4.2 Hilfsmittel für zweidimensionale Grafiken

Im Paket `Graphics`Graphics`` sind verschiedene Hilfsmittel zur Erstellung von logarithmischen Plots, Balken- und Tortengrafiken, Plots von Daten mit Fehlerbalken etc. zusammengestellt. Es lohnt sich ein Blick in die Dokumentation. Wir beschränken uns hier auf zwei Beispiele.

In[76]:= `LogPlot[Cosh[x], {x, 0, 10}];`

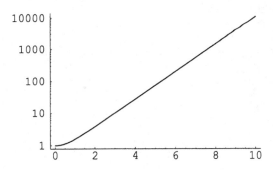

In[77]:= **BarChart[{1, 3, 5, 3, 1}];**

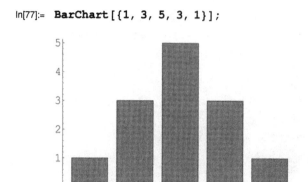

■ 2.4.3 Hilfsmittel für dreidimensionale Grafiken

Auch beim Paket Graphics`Graphics3D` lohnt sich ein Blick in die Dokumentation.

Sehr instruktiv können die Grafiken mit ShadowPlot3D oder Shadow sein.

In[78]:= **ShadowPlot3D[Sin[x - y],**
{x, 0, Pi}, {y, 0, Pi}, ImageSize -> 200];

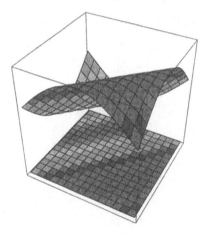

```
In[79]:= ParametricPlot3D[
          {Sin[ϑ] Cos[ψ], Cos[ϑ] Sin[ψ], Cos[ϑ]}, {ϑ, 0, π},
          {ψ, 0, 2 π}, PlotPoints -> {25, 25}, ImageSize -> 200];
```

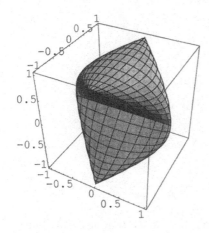

```
In[80]:= Shadow[%, ImageSize -> 200];
```

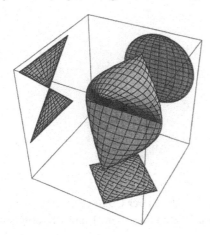

■ 2.4.4 Legenden

Die in Graphics`Legend` definierten Legenden können durch viele Optionen verändert werden (siehe Dokumentation).

In[81]:= `Plot[{Sin[x], Cos[x]}, {x, -2π, 2π},`
        `PlotStyle → {GrayLevel[0], Dashing[{.03}]},`
        `PlotLegend → {"Sinus", "Kosinus"}];`

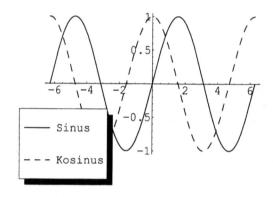

In[82]:= `DensityPlot[Sin[x² + y²], {x, -3, 3}, {y, -3, 3},`
        `PlotPoints -> 50, ColorFunction -> Hue, ImageSize -> 180];`

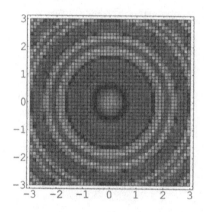

Der Wertebereich ist das Intervall [-1,1]. Dieses wird von der ColorFunction auf [0,1] abgebildet. Wir müssen deshalb die Legende mit Werten zwischen -1 und 1 beschriften.

In[83]:= **ShowLegend[%, {Hue, 10, "-1", "1"}];**

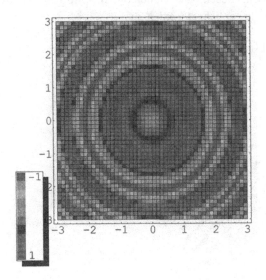

■ 2.4.5 Vektorfelder

Man erhält eine nützliche Veranschaulichung von Abbildungen $\mathbb{R}^2 \to \mathbb{R}^2$ oder $\mathbb{R}^3 \to \mathbb{R}^3$, indem man ein Gitter in den Raum legt und in jedem Gitterpunkt den abgebildeten Vektor als Pfeil darstellt. Die Hilfsmittel dazu befinden sich in den Paketen `Graphics`Plot-Field`` und `Graphics`PlotField3D``.

Das folgende Vektorfeld gehört zu einem mathematischen Pendel:

In[84]:= **PlotVectorField[{y, -Sin[x]},**
       {x, -Pi, 2 Pi}, {y, -Pi, Pi}, Axes -> True];

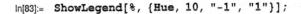

Mit der dreidimensionalen Variante können wir das Geschwindigkeitsfeld bei einer Rotation um die *z*-Achse veranschaulichen. Die Option `VectorHeads->True` sorgt dafür, daß auch hier die Vektorpfeile gezeichnet werden.

```
In[85]:= PlotVectorField3D[{-y, x, 0}, {x, -1, 1},
         {y, -1, 1}, {z, -1, 1}, VectorHeads → True];
```

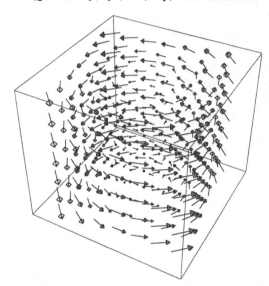

■ Vertiefung

● Kollision von Namen

Dieser Abschnitt soll ein immer wieder vorkommendes Problem demonstrieren, wenn Funktionsnamen aus Paketen vor dem Einlesen der Pakete benutzt werden (siehe *Help Browser* > **Add-ons** > **Working with Add-ons** > **Loading Packages**).

Wir beenden die aktive Kernel-Sitzung mit **Kernel > Quit Kernel**, um anschließend einen neuen Kernel zu starten.

Nun versuchen wir, mit folgendem Befehl einen logarithmischen Plot zu erstellen:

```
In[1]:= LogPlot[Exp[3 x], {x, 0, 2}]
```

```
Out[1]= LogPlot[E^{3 x}, {x, 0, 2}]
```

Falls nicht schon mit `<<Graphics`` oder `<<Graphics`Graphics`` die Definition von `LogPlot` geladen ist, passiert nichts. Also braucht es zuerst ein:

```
In[2]:= << Graphics`
```

Aber es funktioniert immer noch nicht.

In[3]:= **LogPlot[Exp[3 x], {x, 0, 2}]**

Out[3]= LogPlot[E^{3x}, {x, 0, 2}]

Der folgende Befehl zeigt an, daß LogPlot im sogenannten *globalen Kontext* definiert ist; der Name sollte aber im Kontext des Paketes stehen. (Weitere Informationen zu Kontexten finden sich in Abschnitt 4.4.5.)

In[4]:= **? LogPlot**

    Global`LogPlot

Wir beheben das Problem mit einem Remove.

In[5]:= **Remove[LogPlot]**

Nun stimmt der Kontext und der Befehl funktioniert.

In[6]:= **? LogPlot**

    Graphics`Graphics`LogPlot

    Attributes[LogPlot] = {Stub}

    LogPlot = "Graphics.m"

In[7]:= **LogPlot[Exp[3 x], {x, 0, 2}];**

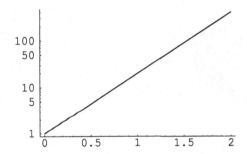

• Weitere parametrische Plots

Das Paket Graphics`ParametricPlot3D` enthält aus historischen Gründen die Funktion ParametricPlot3D, welche wir schon kennen. Hingegen sind die Funktionen Spherical-Plot3D und CylindricalPlot3D nützlich.

Bei SphericalPlot3D muß der Radius als Funktion der Kugelkoordinaten-Winkel ϑ und ψ angegeben werden.

In[8]:= **SphericalPlot3D[1, {ϑ, 0, π}, {ψ, 0, 2 π}];**

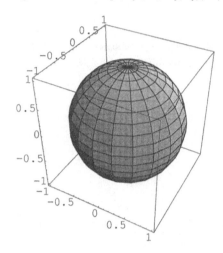

Bei `CylindricalPlot3D` wird die *z*-Koordinate in Funktion von ρ und φ (Zylinderkoordinaten) angegeben.

In[9]:= **CylindricalPlot3D[ρ^2, {ρ, 0, 1}, {φ, 0, 2 π}];**

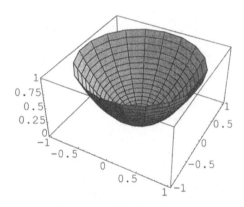

• Ein undokumentiertes Hilfsmittel

Die folgende Möglichkeit zum automatischen Beschriften von Achsen mit Vielfachen von π ist leider undokumentiert. `PiScale` befindet sich im Paket `Graphics`Graphics`.

In[10]:= **Plot[Sin[x], {x, 0, 2 Pi}, Ticks -> {PiScale, Automatic}];**

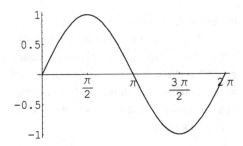

■ Übungen

• Kugel

Zeichnen Sie die Oberfläche der Einheitskugel mit einem ContourPlot3D.

• Logarithmische Plots

Zeichnen und interpretieren Sie einen logarithmischen und einen doppelt logarithmischen Plot von $x \rightarrow x^3$.

• Tortengrafik

Zeichnen Sie einen Kuchen mit Stückgrößen 1/2, 1/4, 1/6, 1/12.

• Projektion von Flächen

Zeichnen Sie einen parametrischen Plot von {Sin[θ]Cos[ψ/2],Sin[θ]Sin[ψ],Cos[θ]} für den Parameterbereich {θ,0,π},{ψ,0,4 π}.

Studieren Sie die Fläche, indem Sie sie auf drei Würfelflächen projizieren.

• Legende

Verschieben Sie die Legende des obigen Beispiels zu den Legenden auf die rechte Seite des Plots.

• Kegel

Verwenden Sie CylindricalPlot3D, um einen Kegel zu zeichnen.

Deformieren Sie ihn zu einem Wellblech, indem Sie eine kleine, aber rasch von φ abhängige Sinus-Modulation dazuaddieren.

• Vektorfeld

Zeichnen Sie das Vektorfeld zur Abbildung $\mathbb{R}^2 \rightarrow \mathbb{R}^2$, gegeben durch $(x,y) \rightarrow (x-y,x+y)$.

■ 2.5 Animationen

Manchmal kann eine weitere Dimension eines Problems visualisiert werden, indem man einen Parameter (eine Variable) auf die Zeit abbildet. Der Befehl **Cell > Animate Selected Graphics** animiert eine beliebige Zellgruppe mit Grafiken. Die Zellgruppe kann entweder mit Hilfe der Funktionen aus dem Standard-Paket `Graphics`Animation`` oder »von Hand« erzeugt werden. Die zweite Variante studieren wir im dritten Teil, die erste sei hier an zwei Beispielen illustriert. Natürlich funktionieren die Animationen nur auf dem Bildschirm. Im Buch wird jeweils das erste Bild gezeigt.

Falls nicht schon die ganze Gruppe der `Graphics``-Pakete geladen ist, so muß hier mindestens das Animationspaket eingelesen werden.

In[1]:=   `<< Graphics`Animation``

Wir erzeugen die Grafiken, indem wir in `Animate` einen Parameter variieren. In der Liste `{n,-.4,1,.2}` wird zuerst die Variable, dann der Startwert, dann der Endwert und schlußendlich die Schrittweite angegeben.

In[2]:=   `Animate[Plot[x`^{4} `- n x`^{2}`, {x, -1, 1},`
       `PlotRange -> {All, {-.25, 1}}], {n, -.4, 1, .2}]`

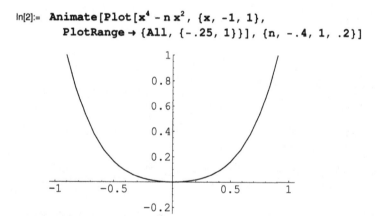

Am Bildschirm kann die obige Zellgruppe geschlossen und mit dem Befehl **Cell > Animate Selected Graphics** oder durch Doppelklick auf die Grafik animiert werden. Links unten im Notebook-Fenster erscheint ein »Kommandopult«, mit dem sich unter anderem die Richtung und die Schnelligkeit der Animation steuern läßt.

Damit solche Animationen schön aussehen, müssen die Achsen bei allen Bildern am gleichen Ort und im gleichen Intervall gezeichnet werden. Deshalb haben wir `Plot-Range` explizit angegeben.

In diesem Beispiel wäre natürlich auch eine dreidimensionale Darstellung möglich:

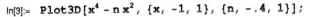

```
In[3]:=  Plot3D[x⁴ - n x², {x, -1, 1}, {n, -.4, 1}];
```

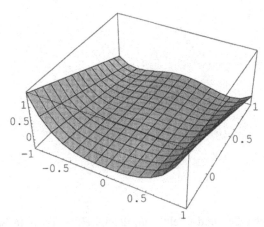

Bei dreidimensionalen Grafiken ist dies aber nicht mehr so einfach möglich. Ein Beispiel dazu findet sich in den Übungen.

Wir wollen das »Kissen« von weiter oben nochmals zeichnen, diesmal ohne Box und Achsen.

```
In[4]:=  spinDemo = ParametricPlot3D[
            {Sin[θ] Cos[ψ], Cos[θ] Sin[ψ], Cos[θ]}, {θ, 0, π},
            {ψ, 0, 2 π}, Axes -> False, Boxed -> False, ImageSize -> 180];
```

SpinShow läßt das Objekt rotieren. Wegen der Symmetrie reicht eine halbe Drehung aus.

In[5]:= `SpinShow[spinDemo, Frames -> 10, SpinRange -> {0, Pi}]`

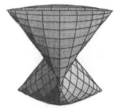

(Im Notebook die Zellgruppe schließen und selektieren, dann **Cell > Animate Selected Graphics** wählen.)

Weitere Varianten können in der Dokumentation von `Graphics`Animation`` eingesehen werden.

■ Übungen

• Parameter in einer Funktion einer Variablen

Erzeugen Sie eine Animation, bei der die Sinusfunktion einer Periode in zehn Schritten nach rechts verschoben wird. Im Notebook ist das Resultat einer möglichen Lösung zur Animation bereit.

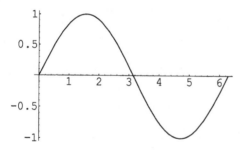

Erproben Sie die verschiedenen Knöpfe im »Kommandopult« links unten.

• Parameter in einer Funktion zweier Variablen

Betrachten Sie die Funktion $(x, y) \rightarrow n^2 (\sin x + \sin y)^2 + \cos x + \cos y$ mit dem Parameter n.

Zeichnen Sie vorerst den Grafen im Definitionsbereich $[-\pi,\pi] \times [-\pi,\pi]$ und für $n = 0$.

Visualisieren Sie nun die Veränderung der Fläche, wenn der Parameter n im Intervall von 0 bis 1 (Schrittlänge 1/10) variiert. Achten Sie darauf, daß der »Film« keine Sprünge wegen unterschiedlich gewählter Achsenskalen aufweist.

● **Eigenes Beispiel**

Konstruieren Sie selbst ein Beispiel für einen `MovieParametricPlot`.

■ 2.6 Export in andere Programme

Vielleicht schreibt der Leser oder die Leserin noch nicht alle Arbeiten in *Mathematica* selbst (obwohl das Textsystem für viele Anwendungen ausreicht). Dann stellt sich die Frage nach dem Export von Grafiken und Formeln.

Bei Formeln ist die Sache im Moment etwas unbefriedigend, da sie beim Export ihren mathematischen Gehalt verlieren und nur noch als Grafik weiterexistieren. Die Technik ist aber genau gleich wie für Grafiken.

Die empfehlenswerteste Variante zum Export von Grafiken ist das Abspeichern in einer Datei und der anschließende Import dieser Datei in ein Text- oder Grafikprogramm. Wenn möglich verwendet man dazu das EPS-Format, weil damit immer druckreife Resultate entstehen und weil das Format auf allen Plattformen verfügbar ist. Man geht folgendermaßen vor:

1. Grafik selektieren.
2. Menü **Edit > Save Selection As... > EPS**.
3. Dateinamen angeben.
4. **Save**-Knopf drücken.

Falls das Programm *Adobe Illustrator* zur Verfügung steht, lohnt sich eventuell auch der Export in diesem Format. Im *Illustrator* können die Bilder nachträglich beliebig manipuliert werden.

Je nach Computerplattform erscheinen im Menü **Edit > Save Selection As...** noch weitere Formate. Beim Export mit ihnen oder über die Zwischenablage (**Edit > Copy As**) ergeben sich manchmal weniger befriedigende Resultate.

■ Übung

● **Grafik in einer Datei speichern**

Zeichnen Sie den Grafen der Funktion $x \rightarrow 2^x$ im Intervall [-2,2].

Exportieren Sie die Grafik als Datei im EPS-Format und importieren Sie sie dann in Ihr Textprogramm.

3. Teil: Listen und Grafik-Programmierung

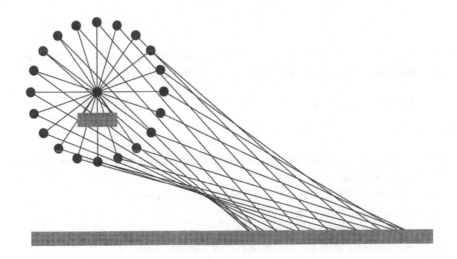

Listen sind wohl die wichtigsten Objekte in *Mathematica*. Sie kommen überall vor – offensichtlich oder versteckt. Wenn man mit ihnen gut umgehen kann, wird die Arbeit mit dem Programm wesentlich erleichtert.

In diesem Teil wollen wir unsere Kenntnisse über Listen vertiefen und dann verwenden, um einfache Probleme der Linearen Algebra zu lösen und um Grafiken selbst zusammenzustellen.

■ 3.1 Listen

■ 3.1.1 Erzeugung von eindimensionalen Listen

Wir haben schon mehrfach gesehen, daß Listen Objekte sind, deren Elemente in geschweifte Klammern gesetzt sind.

In[1]:= **{1, 4, 9}**

Out[1]= {1, 4, 9}

Zum Erstellen von Listen ist die *Mathematica*-Funktion Table nützlich. Mit ihr können wir Funktionen eines Iterators für verschiedene Werte berechnen lassen.

In[2]:= **Table[i^2, {i, 10}]**

Out[2]= {1, 4, 9, 16, 25, 36, 49, 64, 81, 100}

Die Liste im zweiten Argument von Table enthält den Namen des Iterators und weitere Angaben. Folgende Formen sind möglich:
- {n} erzeugt n identische Einträge (hier ist kein Iterator vorhanden)
- {i,n} variiert i über 1, 2, ..., n
- {i,a,n} variiert i über a, a+1, ..., n
- {i,a,n,s} variiert i über a, a+s, a+2s, ..., n^*, wobei $n^* \le$ n

In[3]:= **Table[a, {10}]**

Out[3]= {a, a, a, a, a, a, a, a, a, a}

In[4]:= **Table[i^2, {i, 0, 10}]**

Out[4]= {0, 1, 4, 9, 16, 25, 36, 49, 64, 81, 100}

In[5]:= **Table[i^2, {i, 0, 1, .3}]**

Out[5]= {0, 0.09, 0.36, 0.81}

Arithmetische Folgen lassen sich noch einfacher mit Range erzeugen. Hier braucht man keinen Namen für den Iterator.

In[6]:= **Range[10]**

Out[6]= {1, 2, 3, 4, 5, 6, 7, 8, 9, 10}

```
In[7]:=  Range[0, 10]
```

```
Out[7]=  {0, 1, 2, 3, 4, 5, 6, 7, 8, 9, 10}
```

```
In[8]:=  Range[0, 1, .3]
```

```
Out[8]=  {0, 0.3, 0.6, 0.9}
```

■ 3.1.2 Manipulation von Listen

Zur Manipulation von Listen stehen viele Funktionen bereit (siehe Kapitel 1.8 des *Mathematica*-Buches). Wir beschränken uns auf wenige nützliche Beispiele.

Unser Übungsobjekt sei:

```
In[9]:=  liste1 = {a, b, c, d, e}
```

```
Out[9]=  {a, b, c, d, e}
```

Die Länge bestimmen wir mit Length.

```
In[10]:=  Length[liste1]
```

```
Out[10]=  5
```

Das Herausziehen von Elementen kennen wir schon.

```
In[11]:=  liste1[[2]]
```

```
Out[11]=  b
```

Oder in StandardForm:

```
In[12]:=  liste1[[2]]
```

```
Out[12]=  b
```

Mit Take können wir auch ganze Unterlisten herausziehen. Ein positives zweites Argument bedeutet entsprechend viele Elemente von links, ein negatives entsprechend viele Elemente von rechts. Wenn wir als zweites Element eine Liste mit einer Start- und einer Endnummer angeben, so erhalten wir die entsprechende Teilliste.

```
In[13]:=  Take[liste1, 3]
```

```
Out[13]=  {a, b, c}
```

In[14]:= **Take[liste1, -3]**

Out[14]= {c, d, e}

In[15]:= **Take[liste1, {2, 4}]**

Out[15]= {b, c, d}

Drop funktioniert analog und wirft die entsprechenden Elemente weg.

In[16]:= **Drop[liste1, 3]**

Out[16]= {d, e}

In[17]:= **Drop[liste1, -3]**

Out[17]= {a, b}

In[18]:= **Drop[liste1, {2, 4}]**

Out[18]= {a, e}

RotateRight permutiert die Elemente einer Liste zyklisch nach rechts.

In[19]:= **RotateRight[liste1]**

Out[19]= {e, a, b, c, d}

In[20]:= **RotateRight[liste1, 2]**

Out[20]= {d, e, a, b, c}

Mit Sort werden Listen sortiert.

In[21]:= **Sort[%]**

Out[21]= {a, b, c, d, e}

Das Verbinden von Listen geschieht mit Join.

In[22]:= **Join[liste1, {f, g}]**

Out[22]= {a, b, c, d, e, f, g}

Oder man benutzt die Funktion Flatten, welche eine verschachtelte Liste auf eine eindimensionale »flachdrückt«.

In[23]:= **Flatten[{liste1, {f, g}}]**

Out[23]= {a, b, c, d, e, f, g}

Oder man verwendet zweimal Append, welches jeweils ein Element hinten anfügt:

In[24]:= **Append[Append[liste1, f], g]**

Out[24]= {a, b, c, d, e, f, g}

Position liefert bei Angabe eines Musters die Position(en); mit Extract werden die entsprechenden Elemente herausgezogen.

In[25]:= **liste2 = {a^2, b, b, c, d^2, b, e}**

Out[25]= {a^2, b, b, c, d^2, b, e}

In[26]:= **Position[liste2, b]**

Out[26]= {{2}, {3}, {6}}

In[27]:= **Extract[liste2, %]**

Out[27]= {b, b, b}

In[28]:= **Position[{a^2, b, b, c, d^2, b, e}, _^2]**

Out[28]= {{1}, {5}}

In[29]:= **Extract[liste2, %]**

Out[29]= {a^2, d^2}

Mit Select können die Elemente von Listen auf Eigenschaften getestet werden. Man muß die Liste und eine Funktion übergeben, welche für die gewünschten Elemente True ergibt.

In[30]:= **meinTest[x_] = (x > 10) && (x < 50)**

Out[30]= x > 10 && x < 50

In[31]:= **Select[Table[i^2, {i, 10}], meinTest]**

Out[31]= {16, 25, 36, 49}

In den Übungen sehen wir, daß Listen auch als Mengen aufgefaßt werden können.

■ 3.1.3 Mehrdimensionale Listen

Mit `Table` kann auch »mehrdimensional« gearbeitet werden:

In[32]:= **Table[a^i + b^j, {i, 3}, {j, 3}]**

Out[32]= $\{\{a + b, a + b^2, a + b^3\},$
$\{a^2 + b, a^2 + b^2, a^2 + b^3\}, \{a^3 + b, a^3 + b^2, a^3 + b^3\}\}$

Die Funktion `MatrixForm` stellt die Liste als Matrix dar.

In[33]:= **MatrixForm[%]**

Out[33]//MatrixForm=
$$\begin{pmatrix} a + b & a + b^2 & a + b^3 \\ a^2 + b & a^2 + b^2 & a^2 + b^3 \\ a^3 + b & a^3 + b^2 & a^3 + b^3 \end{pmatrix}$$

■ Übungen

● Primzahlen

Erzeugen Sie eine Liste der ungeraden Zahlen zwischen 10^6 und $10^6 + 10^3$.

Die Funktion `PrimeQ` testet, ob eine Zahl prim ist. Benutzen Sie nun `Select`, um die Primzahlen in obiger Liste zu ermitteln.

● Mengen

Verwenden Sie die Funktionen `Union` und `Intersection`, um die Vereinigung und den Durchschnitt der Mengen {a,a,b,c,d,e,f} und {a,f,g,g,j} zu bilden. Beachten Sie dabei, daß man `Union` auch verwenden kann, um mehrfache Instanzen von Elementen loszuwerden.

■ 3.2 Rechnen mit Listen

■ 3.2.1 Automatische Operationen

Viele Funktionen mit einem Argument werden automatisch auf die Elemente von Listen abgebildet.

In[34]:= **Sin[{1, 2, 3}]**

Out[34]= {Sin[1], Sin[2], Sin[3]}

In[35]:= **3 {a, b, c}**

Out[35]= {3 a, 3 b, 3 c}

Produkte von Listen sind a priori elementweise.

In[36]:= **{a, b, c} {1, 2, 3}**

Out[36]= {a, 2 b, 3 c}

Für mathematisch anspruchsvollere Problemstellungen gibt es auch noch die Funktionen Inner und Outer, welche verallgemeinerte innere und äußere Produkte berechnen.

Skalarprodukt und Kreuzprodukt sind übrigens im Paket Calculus`VectorAnalysis` definiert. Man könnte dies aber problemlos auch selbst erledigen (dazu gibt es eine Übungsaufgabe).

In[37]:= **<< Calculus`VectorAnalysis`**

In[38]:= **DotProduct[{x, y, z}, {u, v, w}]**

Out[38]= u x + v y + w z

In[39]:= **CrossProduct[{x, y, z}, {u, v, w}]**

Out[39]= {w y - v z, -w x + u z, v x - u y}

■ 3.2.2 Abbildung auf Listen

Manchmal führt die automatische Abbildung von Funktionen auf Listen aber nicht zum Ziel. Zum Beispiel liefert Variables die Variablen in einem Polynom.

In[40]:= **Variables[x + y]**

Out[40]= {x, y}

Wenn wir diese Funktion auf eine Liste anwenden, so erhalten wir die Variablen in der Liste.

In[41]:= **Variables[{x + y, x + z, y}]**

Out[41]= {x, y, z}

Was sind aber die Variablen der einzelnen Elemente der Liste? Etwas umständlich ist eine Iteration über die Elemente der Liste:

In[42]:= **Table[Variables[{x + y, x + z, y}[[i]], {i, 3}]**

Out[42]= {{x, y}, {x, z}, {y}}

Als Bestandteil eines komplizierteren Programms hätte dies den Nachteil, daß wir zuerst die Länge bestimmen müssen (im Prinzip mit Length möglich) und daß die Konstruktion schlecht lesbar ist. Deshalb stellt *Mathematica* die Möglichkeit zur Verfügung, mit Map Funktionen von einem Argument auf Listen abzubilden.

In[43]:= **Map[Variables, {x + y, x + z, y}]**

Out[43]= {{x, y}, {x, z}, {y}}

Weil Map in Programmen oft vorkommt, gibt es auch eine kurze Infix-Schreibweise:

In[44]:= **Variables /@ {x + y, x + z, y}**

Out[44]= {{x, y}, {x, z}, {y}}

■ 3.2.3 Reine Funktionen

Im Beispiel für Select haben wir eine Hilfsfunktion

In[45]:= **meinTest[x_] = (x > 10) && (x < 50);**

definiert, um damit Listenelemente zu erkennen. Oft braucht man solche Hilfskonstruktionen nur einmal, so daß es sich eigentlich nicht lohnt, dafür einen Namen zu erfinden. Mit Hilfe von *Reinen Funktionen* können wir dies vermeiden. Die Reine Funktion für dieses Problem wird mit Function geschrieben und sieht so aus:

In[46]:= **Function[x, (x > 10) && (x < 50)]**

Out[46]= Function[x, x > 10 && x < 50]

In den Argumenten steht zuerst der Name der Hilfsvariablen, dann die auszuwertende Funktion. Wenn man ein solches Objekt auf ein Argument anwendet, so wird dieses für x eingesetzt und die Reine Funktion dafür ausgewertet.

In[47]:= **Function[x, (x > 10) && (x < 50)][9]**

Out[47]= False

Reine Funktionen können bequem auf Listen abgebildet

```
In[48]:= Function[x, (x > 10) && (x < 50)] /@ {1, 20, 100, 30}
```

```
Out[48]= {False, True, False, True}
```

oder in Funktionen wie Select verwendet werden.

```
In[49]:= Select[Table[i^2, {i, 10}], Function[x, (x > 10) && (x < 50)]]
```

```
Out[49]= {16, 25, 36, 49}
```

Nun ist aber auch der Name x in der Reinen Funktion überflüssig. Deshalb kann man ihn durch ein # ersetzen und nur noch die Funktionsdefinition schreiben.

```
In[50]:= Select[Table[i^2, {i, 10}], Function[(# > 10) && (# < 50)]]
```

```
Out[50]= {16, 25, 36, 49}
```

Weil auch dies oft vorkommt, gibt es eine noch kürzere Schreibweise, bei der Function weggelassen und die Reine Funktion mit einem &-Zeichen abgeschlossen wird.

```
In[51]:= Select[Table[i^2, {i, 10}], (# > 10) && (# < 50) &]
```

```
Out[51]= {16, 25, 36, 49}
```

Damit können wir die partiellen Ableitungen des Ausdrucks

$$In[52]:= \quad \frac{x - y}{\sqrt{x^2 + y^2 + z^2}};$$

nach x, y, z, also den Gradienten, bequem in einem Schritt berechnen.

$$In[53]:= \quad D\left[\frac{x - y}{\sqrt{x^2 + y^2 + z^2}}, \#\right] \& /@ \{x, y, z\}$$

$$Out[53]= \left\{ -\frac{x\,(x - y)}{(x^2 + y^2 + z^2)^{3/2}} + \frac{1}{\sqrt{x^2 + y^2 + z^2}}, \right.$$
$$\left. -\frac{(x - y)\,y}{(x^2 + y^2 + z^2)^{3/2}} - \frac{1}{\sqrt{x^2 + y^2 + z^2}}, \; -\frac{(x - y)\,z}{(x^2 + y^2 + z^2)^{3/2}} \right\}$$

Bei Reinen Funktionen mit mehreren Argumenten werden diese entweder in eine Liste gesetzt (Schreibweise mit Function) oder mit #1, #2, ... bezeichnet.

```
In[54]:= Function[{x, y, z}, Sqrt[x^2 + y^2 + z^2]]
```

$$Out[54]= \quad Function\left[\{x, y, z\}, \sqrt{x^2 + y^2 + z^2}\right]$$

In[55]:= **%[a, b, c]**

Out[55]= $\sqrt{a^2 + b^2 + c^2}$

In[56]:= **Function[Sqrt[#1^2 + #2^2 + #3^2]][a, b, c]**

Out[56]= $\sqrt{a^2 + b^2 + c^2}$

Wir können natürlich auch Definitionen mit Reinen Funktionen schreiben.

In[57]:= **geometrischesMittel = (#1 #2 #3)^(1/3) &;**

In[58]:= **geometrischesMittel[a, b, c]**

Out[58]= $(a\,b\,c)^{1/3}$

Die alternative Definition der Form

In[59]:= **geometrischesMittel1[x_, y_, z_] := (x y z)^(1/3)**

In[60]:= **geometrischesMittel1[a, b, c]**

Out[60]= $(a\,b\,c)^{1/3}$

ist eine Definition für das Muster geometrischesMittel1[x_,y_,z_]. Im Gegensatz dazu kann man die Schreibweise mit der Reinen Funktion

In[61]:= **geometrischesMittel = (#1 #2 #3)^(1/3) &**

Out[61]= $(\#1\ \#2\ \#3)^{1/3}$ &

als Definition für den *Kopf* geometrischesMittel auffassen (siehe Abschnitt 4.1).

■ 3.2.4 Umwandlung von Listenelementen in Argumente

Zum Abschluß dieser auf den ersten Blick exotischen Konstruktionen besprechen wir noch Apply. Dadurch werden die Elemente einer Liste als Argumente einer Funktion verwendet.

In[62]:= **Apply[f, {a, b, c}]**

Out[62]= f[a, b, c]

Dies ist natürlich etwas anderes als:

In[63]:= **f[{a, b, c}]**

Out[63]= f[{a, b, c}]

Als Anwendung betrachten wie die Additionsfunktion Plus, welche wir normalerweise mit dem Operator + schreiben. Wenn wir sie mit Apply auf eine Liste anwenden, so erhalten wir die Summe der Elemente

In[64]:= **Apply[Plus, {a, b, c}]**

Out[64]= a + b + c

oder, analog, mit Times das Produkt:

In[65]:= **Apply[Times, {a, b, c}]**

Out[65]= a b c

Auch dazu gibt es eine Infix-Notation:

In[66]:= **Plus @@ {a, b, c}**

Out[66]= a + b + c

In[67]:= **Times @@ {a, b, c}**

Out[67]= a b c

Die obige Funktion zur Berechnung des geometrischen Mittels hatte den Nachteil, daß die Zahl der Argumente auf drei festgelegt war. Wir können nun eine Variante definieren, welche eine Liste beliebiger Länge als Argument verwendet.

In[68]:= **geometrischesMittel2 = (Times @@ #) ^ (1 / Length[#]) &;**

In[69]:= **geometrischesMittel2[{a, b, c, d, e}]**

Out[69]= $(a\,b\,c\,d\,e)^{1/5}$

Für indizierte Summen und Produkte stehen natürlich auch eingebaute Funktionen zur Verfügung: Sum und Product. Sie funktionieren analog zu Table.

In[70]:= **Sum[a^i, {i, 5}]**

Out[70]= $a + a^2 + a^3 + a^4 + a^5$

■ 3.2.5 Grafische Darstellung von Listen

Zu fast allen Grafik-Funktionen existieren auch Varianten, um Datenlisten darzustellen. Ihr Name beginnt jeweils mit einem List (ListPlot ListPlot3D, ListContour-Plot etc.). Die Daten können aus *Mathematica* selbst stammen oder auch mit Read-List aus anderen Programmen importiert worden sein (siehe Vertiefung).

Wir erzeugen eine Liste mit einigen numerischen Werten der Kosinusfunktion.

In[71]:= **cosListe = Table[N[Cos[x]], {x, 0, 2 Pi, 2 Pi / 50}];**

ListPlot zeichnet diese Punkte.

In[72]:= **ListPlot[cosListe];**

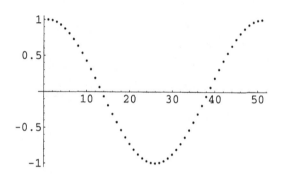

Mit PlotJoined->True werden sie verbunden.

In[73]:= **ListPlot[cosListe, PlotJoined -> True];**

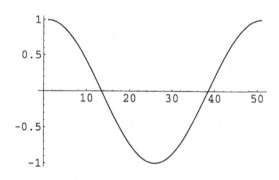

Die Abszisse ist in diesem Fall mit der Numerierung in der Liste (1,...,51) beschriftet. Wir können aber auch eine Liste von Punktepaaren zeichnen. Damit erhalten wir auf beiden Achsen nützliche Skalen.

In[74]:= **Short[xCosxListe = Table[N[{x, Cos[x]}], {x, 0, 2 Pi, 2 Pi / 50}]]**

Out[74]//Short=

    {{0, 1.}, ≪49≫, {6.28319, 1.}}

In[75]:= **ListPlot[xCosxListe];**

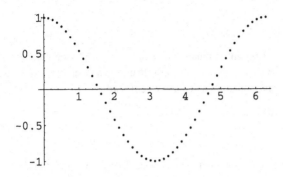

■ Vertiefung

● Lösungen von Differentialgleichungen als Reine Funktionen

Wir haben in der Vertiefung zu Abschnitt 1.4.6 gesehen, wie die Lösung einer Differentialgleichung als Reine Funktion verlangt werden kann. Diese Form ist nützlich, wenn die Ableitung der Lösung berechnet werden soll (den tieferen Grund dafür studieren wir in der Vertiefung zu Kapitel 4.2). Sie erlaubt es, einfach einen parametrischen Plot in der Phasenebene $\{x(t), x'(t)\}$ zu zeichnen.

Wir betrachten als Beispiel die numerische Lösung der nichtlinearen Schwingungsgleichung $x''(t) + \sin(x(t)) = 0$ mit den Anfangsbedingungen $\{x(0) = 1, x'(0) = 0\}$.

In[76]:= **NDSolve[{x''[t] + Sin[x[t]] == 0, x[0] == 1, x'[0] == 0}, x, {t, 0, 5}];**

In[77]:= **ParametricPlot[Evaluate[{x[t], x'[t]} /. %[[1]]], {t, 0, 5}];**

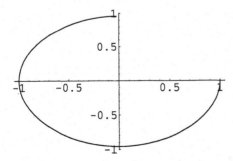

Das Evaluate sorgt dafür, daß vor dem Zeichnen der Kurve die Transformationsregel angewandt wird.

- **Effizienz von numerischen Summen**

Wir werden in den Übungen viele Summen berechnen. Zur Steigerung der numerischen Effizienz ist folgende Überlegung nützlich:

Betrachten wir vorerst die Summe:

In[78]:= **Sum[1 / i ^ 3, {i, 10}]**

Out[78]= $\dfrac{19164113947}{16003008000}$

Mathematica rechnet a priori mit exakten rationalen Zahlen. Natürlich wird dies für größere Summen sehr aufwendig. Deshalb ist es sinnvoll, bei numerischen Rechnungen dafür zu sorgen, daß die Arithmetik möglichst bald auf approximierte Zahlen umgestellt wird.

In[79]:= **Sum[1 / N[i] ^ 3, {i, 10}]**

Out[79]= 1.19753

Am Beispiel einer größeren Summe können wir den Unterschied der Rechenzeiten mit der Funktion Timing veranschaulichen. Sie liefert neben dem Resultat auch die CPU-Rechenzeit. Das Resultat der ersten Rechnung ergibt einen riesigen Bruch. Wir unterdrücken es deshalb.

In[80]:= **Timing[Sum[1 / i ^ 3, {i, 1000}];]**

Out[80]= {1.68333 Second, Null}

In[81]:= **Timing[Sum[1 / N[i] ^ 3, {i, 1000}];]**

Out[81]= {0.0666667 Second, Null}

- **Speichern und Einlesen von Listen**

Wir wollen diesen Vertiefungsabschnitt mit einem Beispiel für das Einlesen von Daten abschließen. Vorerst erzeugen wir als Übungsobjekt eine Liste, die sich aus Werten der Sinusfunktion und einem überlagerten »Rauschen« (mit Random erzeugt) zusammensetzt.

In[82]:= **daten = Table[Sin[x] + Random[Real, {-.03, .03}], {x, 0, 2 Pi, 2 Pi / 200}];**

In[83]:= **ListPlot[daten];**

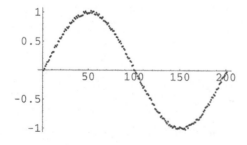

Mit dem Save-Befehl können wir die Liste in einer Datei abspeichern.

In[84]:= **Save["daten.m", daten]**

Nun löschen wir die Definition.

In[85]:= **Clear[daten]**

In[86]:= **daten**

Out[86]= daten

Der folgende Befehl liest sie wieder ein.

In[87]:= **<< daten.m;**

In[88]:= **ListPlot[daten];**

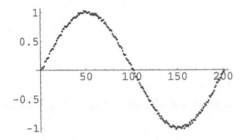

Ein Blick auf die Datei daten.m zeigt aber, daß die Daten dort im üblichen *Mathematica*-Format abgelegt sind. Sie kann also nicht als Übungsobjekt für Daten dienen, welche in einem anderen Programm erzeugt wurden. Ohne weitere Erklärung wollen wir anerkennen, daß der folgende Befehl die Daten unformatiert in einzelne Zeilen schreibt:

In[89]:= **PutAppend[#, "rohe-daten"] & /@ daten;**

Ein Blick in die Datei rohe-daten beweist es. Dazu verwenden wir entweder den *Mathematica*-Befehl:

!! **rohe - daten**

Er druckt die Datei auf den Bildschirm; der nicht sehr interessante Ausdruck ist hier nicht gezeigt. Oder wir öffnen die Datei mit dem Befehl **File > Open** im Front End.

Wir können nun die Funktion ReadList verwenden, um die Daten aus dieser Datei wieder einzulesen.

In[90]:= **eingeleseneDaten = ReadList["rohe-daten"];**

In[91]:= **ListPlot[eingeleseneDaten];**

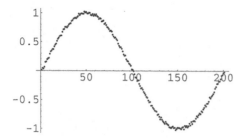

Beim Einlesen von strukturierten Daten, zum Beispiel als Text gespeicherten Excel-Blättern, kann die Abfolge der Datentypen als zweites Argument in ReadList eingesetzt werden.

■ Übungen

● Logarithmentafel

Erzeugen Sie auf mindestens zwei verschiedene Arten eine Tabelle der natürlichen Logarithmen der Zahlen zwischen 1 und 10.

Erstellen Sie nun eine Liste, welche jeweils die Paare {n, log(n)} enthält. (Mit TableForm läßt sie sich tabellenartig darstellen.)

Wie läßt sich obige Aufgabe mit einer Reinen Funktion lösen, welche auf Range[1,10] abgebildet wird?

● Gradient

Definieren Sie eine Funktion grad, welche auf elegante Art den Gradienten eines Ausdrucks berechnet. Das erste Argument sollte der Ausdruck sein, das zweite eine Liste der Variablen.

● Reine Funktionen

Erstellen Sie mit

> **eineListe = Table[i + j, {i, 10}, {j, Random[Integer, {1, 10}]}]**

eine verschachtelte Liste mit Unterlisten unterschiedlicher Länge. Verwenden Sie nun Reine Funktionen, um
● die Längen der Unterlisten als Liste anzugeben,
● in jeder Unterliste das erste Element wegzuwerfen,
● alle Unterlisten um zwei Elemente nach links zu rotieren,
● in jeder Unterliste die Summe der Elemente zu ermitteln.

● Skalar- und Kreuzprodukt

Definieren Sie eigene Funktionen, welche das Skalarprodukt und das Kreuzprodukt von zwei Vektoren berechnen.

- **Rätsel**

Was macht die folgende Funktion, wenn sie auf zwei Listen der Länge 3 angewandt wird:

> **rätsel[u_, v_] := RotateLeft[u RotateLeft[v] - RotateLeft[u] v]**

- **Summen**

Was liefert die Sum-Funktion von *Mathematica* für $\sum_{i=1}^{n} \frac{1}{i^2+i}$ und $\sum_{i=1}^{\infty} \frac{1}{i^3+i^2}$?

- **Varianten mit Apply**

Finden Sie mindestens drei verschiedene Varianten, um die Summe der ganzen Quadratzahlen von 1 bis 10000 zu berechnen. Verwenden Sie die Funktion Timing, um die Rechenzeiten zu vergleichen.

- **Grafiken von Listen; Summen und Reihen**

Beachten Sie vor dem Berechnen der Summen die in der Vertiefung behandelten Überlegungen zur Effizienz.

Zeichnen Sie die Liste der Punkte $\frac{1}{i}$, $i=1,\ldots,500$.

Stellen Sie nun grafisch das Verhalten der Summe $\sum_{i=1}^{n} \frac{1}{i}$, für $n=1,\ldots,500$, dar.

Die (unendliche) harmonische Reihe scheint also zu divergieren. Was sagt *Mathematica* dazu aus?

Vergleichen Sie mit dem Verhalten von $\sum_{i=1}^{n} \frac{1}{i^2}$.

Berechnen Sie das exakte Resultat für die Reihe $\sum_{i=1}^{\infty} \frac{1}{i^2}$.

■ 3.3 Lineare Algebra

Mit *Mathematica* kann auch Lineare Algebra betrieben werden.

Einige nützliche Matrizen sind schon vordefiniert. IdentityMatrix liefert uns die Einheitsmatrix der gewünschten Dimension.

In[92]:= **IdentityMatrix[3]**

Out[92]= {{1, 0, 0}, {0, 1, 0}, {0, 0, 1}}

DiagonalMatrix vereinfacht die Definition von Diagonalmatrizen.

In[93]:= **diag = DiagonalMatrix[{a, b, c}]**

Out[93]= {{a, 0, 0}, {0, b, 0}, {0, 0, c}}

Wie wir schon gesehen haben, stellt MatrixForm Matrizen schöner dar.

In[94]:= **MatrixForm[diag]**

Out[94]//MatrixForm=

$$\begin{pmatrix} a & 0 & 0 \\ 0 & b & 0 \\ 0 & 0 & c \end{pmatrix}$$

Wir berechnen die Inverse mit `Inverse`.

In[95]:= **MatrixForm[Inverse[diag]]**

Out[95]//MatrixForm=

$$\begin{pmatrix} \frac{1}{a} & 0 & 0 \\ 0 & \frac{1}{b} & 0 \\ 0 & 0 & \frac{1}{c} \end{pmatrix}$$

Mit dem . Operator werden Matrizen miteinander multipliziert.

In[96]:= **MatrixForm[% . diag]**

Out[96]//MatrixForm=

$$\begin{pmatrix} 1 & 0 & 0 \\ 0 & 1 & 0 \\ 0 & 0 & 1 \end{pmatrix}$$

Bei Matrixprodukten summiert *Mathematica* automatisch über den letzten Index des ersten und den ersten Index des zweiten Faktors. Deshalb entspricht eine Liste als erster Faktor einem Zeilenvektor und eine Liste als zweiter Faktor einem Spaltenvektor.

In[97]:= **{a, b}.{{1, 2}, {1, 2}}**

Out[97]= $\{a + b, 2a + 2b\}$

In[98]:= **{{1, 2}, {1, 2}}.{a, b}**

Out[98]= $\{a + 2b, a + 2b\}$

Die umständliche Unterscheidung

In[99]:= **{{a, b}}.{{1, 2}, {1, 2}}**

Out[99]= $\{\{a + b, 2a + 2b\}\}$

In[100]:= **{{1, 2}, {1, 2}}.{{a}, {b}}**

Out[100]= $\{\{a + 2b\}, \{a + 2b\}\}$

ist meist unnötig.

Nun rechnen wir mit einer etwas komplizierteren 3×3-Matrix.

In[101]:= **mat1 = {{a, c, 1}, {a, b, c}, {1, -b, 1}}**

Out[101]= {{a, c, 1}, {a, b, c}, {1, -b, 1}}

In[102]:= **MatrixForm[mat1]**

Out[102]//MatrixForm=

$$\begin{pmatrix} a & c & 1 \\ a & b & c \\ 1 & -b & 1 \end{pmatrix}$$

In[103]:= **MatrixForm[Inverse[mat1]]**

Out[103]//MatrixForm=

$$\begin{pmatrix} \frac{b+bc}{-b-ac+abc+c^2} & \frac{-b-c}{-b-ac+abc+c^2} & \frac{-b+c^2}{-b-ac+abc+c^2} \\ \frac{-a+c}{-b-ac+abc+c^2} & \frac{-1+a}{-b-ac+abc+c^2} & \frac{a-ac}{-b-ac+abc+c^2} \\ \frac{-b-ab}{-b-ac+abc+c^2} & \frac{ab+c}{-b-ac+abc+c^2} & \frac{ab-ac}{-b-ac+abc+c^2} \end{pmatrix}$$

In[104]:= **MatrixForm[Simplify[% . mat1]]**

Out[104]//MatrixForm=

$$\begin{pmatrix} 1 & 0 & 0 \\ 0 & 1 & 0 \\ 0 & 0 & 1 \end{pmatrix}$$

Die transponierte Matrix berechnen wir mit Transpose

In[105]:= **MatrixForm[Transpose[mat1]]**

Out[105]//MatrixForm=

$$\begin{pmatrix} a & a & 1 \\ c & b & -b \\ 1 & c & 1 \end{pmatrix}$$

die Determinante mit Det.

In[106]:= **Det[mat1]**

Out[106]= $-b - ac + abc + c^2$

■ Vertiefung

● Anwendung von Transpose

Die Funktion Transpose kann auch in Problemstellungen nützlich sein, die nichts mit Linearer Algebra zu tun haben.

Als Beispiel betrachten wir eine Liste von Daten, die aus einem Experiment stammen und mit ReadList eingelesen worden sein könnten.

```
In[107]:= expDaten = Table[N[Exp[-t] Cos[t]], {t, 0, 3, .3}]
```

```
Out[107]= {1., 0.707731, 0.452954, 0.252728, 0.10914, 0.0157836,
           -0.0375563, -0.0618217, -0.0668948, -0.0607586, -0.0492888}
```

Die zugehörigen Werte der Variablen t seien ebenfalls als Liste gegeben:

```
In[108]:= tWerte = Range[0, 3, .3]
```

```
Out[108]= {0, 0.3, 0.6, 0.9, 1.2, 1.5, 1.8, 2.1, 2.4, 2.7, 3.}
```

Um bei ListPlot eine Liste der zusammengehörigen Paare zu erzeugen, kann man natürlich folgendermaßen iterieren:

```
In[109]:= listPlotDaten =
           Table[{tWerte[[i]], expDaten[[i]]}, {i, Length[tWerte]}]
```

```
Out[109]= {{0, 1.}, {0.3, 0.707731}, {0.6, 0.452954},
           {0.9, 0.252728}, {1.2, 0.10914}, {1.5, 0.0157836},
           {1.8, -0.0375563}, {2.1, -0.0618217},
           {2.4, -0.0668948}, {2.7, -0.0607586}, {3., -0.0492888}}
```

```
In[110]:= ListPlot[listPlotDaten];
```

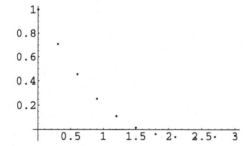

Viel eleganter ist aber:

In[111]:= **ListPlot[Transpose[{tWerte, expDaten}]];**

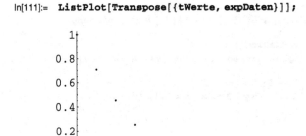

■ Übungen

● Gleichungssystem

Wir betrachten das Gleichungssystem $\{2x + 5y + z = 1, 3x - y - z = 2, x + 5y + 3z = 1\}$. Lösen Sie es auf zwei Arten:
• mit der Funktion Solve,
• indem Sie die Koeffizientenmatrix bestimmen und das Resultat mit ihrer Inversen berechnen.

● Programme lesen

Folgende Schritte automatisieren die obige Rechnung. Versuchen Sie, sie nachzuvollziehen.

Weil ja nicht unbedingt schon auf der linken Seite alle Summanden mit den Variablen und auf der rechten Seite der Vektor (ohne Variablen) stehen muß, bringen wir zuerst alles auf die linke Seite der Gleichungen.

In[112]:= **gleichungen = {2 x + 5 y + z == 1, 3 x - y - z == 2, x + 5 y + 3 z == 1};**

In[113]:= **linkeSeite = #[[1]] - #[[2]] & /@ gleichungen**

Out[113]= {-1 + 2 x + 5 y + z, -2 + 3 x - y - z, -1 + x + 5 y + 3 z}

Hier können wir die Koeffizientenmatrix mit Hilfe der Funktion Coefficient als

In[114]:= **Coefficient[#, {x, y, z}] & /@ linkeSeite**

Out[114]= {{2, 5, 1}, {3, -1, -1}, {1, 5, 3}}

ermitteln. Den Vektor erhalten wir durch Nullsetzen der Variablen, am schnellsten mit Thread. (Was macht Thread[{x,y,z}->{0,0,0}], was macht Thread[{x,y,z}->0]?)

In[115]:= **linkeSeite /. Thread[{x, y, z} -> 0]**

Out[115]= {-1, -2, -1}

Nur das Vorzeichen muß noch umgekehrt werden, weil wir ja alles auf die linke Seite der Gleichung geschrieben haben. Damit können wir die folgenden zwei Funktionen definieren:

In[116]:= `koeffizientenMatrix[gleichungen_, variablen_] :=`
`Coefficient[#, variablen] & /@ (#[[1]] - #[[2]] & /@ gleichungen)`

In[117]:= `vektor[gleichungen_, variablen_] :=`
`(#[[2]] - #[[1]] &) /@ gleichungen /. Thread[variablen -> 0]`

In[118]:= `koeffizientenMatrix[{2 x + 5 y + z == w - 1,`
`3 x - y - z - w + 2 == 0, 1 == x + 5 y + 3 z, w + x == 2}, {x, y, z, w}]`

Out[118]= `{{2, 5, 1, -1}, {3, -1, -1, -1}, {-1, -5, -3, 0}, {1, 0, 0, 1}}`

In[119]:= `vektor[{2 x + 5 y + z == w - 1, 3 x - y - z - w + 2 == 0,`
`1 == x + 5 y + 3 z, w + x == 2}, {x, y, z, w}]`

Out[119]= `{-1, -2, -1, 2}`

■ 3.4 Grafik-Programmierung

■ 3.4.1 Graphics-Objekte (zweidimensional)

Mathematica kennt verschiedene *Grafik-Elemente*: `Point`, `Line`, `Rectangle`, `Polygon`, `Circle`, `Disk`, `Raster` und `Text`. Aus ihnen können wir eine Liste bilden, diese als Argument in ein `Graphics`-Objekt setzen und das Bild mit `Show` zeichnen lassen.

In[120]:= `Show[Graphics[`
`{Line[{{0, 0}, {1, 1}}],`
`Circle[{0, 0}, Sqrt[2]],`
`Text["Radius", {.8, .4}]}]];`

Alle Optionen von `Graphics`, die wir großteils als Zusatzoptionen von `Plot` schon kennen, können zur Veränderung der Vorgabewerte eingesetzt werden.

In[121]:= `Show[%, Axes -> True, AspectRatio -> 1, ImageSize -> 180];`

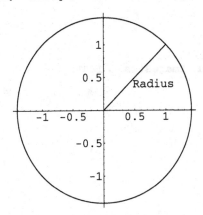

Grafik-Anweisungen dienen dazu, Eigenschaften von Grafik-Elementen genauer festzulegen durch Farbangaben (zum Beispiel mit Hue), Punktgrößen (PointSize und AbsolutePointSize), Dickenangaben (Thickness und AbsoluteThickness) und Definitionen von gestrichelten Linien (Dashing und AbsoluteDashing).

Für Grafik-Anweisungen, deren Name mit Absolute beginnt, ist die Angabe in Bildschirmpunkten, während die Varianten ohne Absolute in Bruchteilen der Breite der Grafik rechnen.

Grafik-Anweisungen gelten für die folgenden Elemente der Liste, in der sie stehen, und für alle Unterlisten.

Hier wirkt AbsoluteThickness auf den ganzen Rest:

```
In[122]:=  Show[Graphics[
              {AbsoluteThickness[3],
               Line[{{0, 0}, {1, 1}}],
               Circle[{0, 0}, Sqrt[2]],
               Text["Radius", {.8, .4}]}],
              Axes -> True, AspectRatio -> 1, ImageSize -> 180];
```

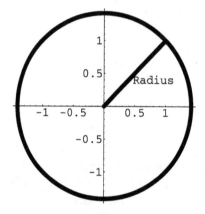

So wird der »Radius« noch nicht dick gezeichnet:

```
In[123]:=  Show[Graphics[
              {Line[{{0, 0}, {1, 1}}],
               AbsoluteThickness[3],
               Circle[{0, 0}, Sqrt[2]],
               Text["Radius", {.8, .4}]}],
              Axes -> True, AspectRatio -> 1, ImageSize -> 180];
```

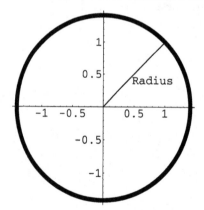

Jetzt setzen wir den Radius und den Kreis in eine Unterliste, auf die AbsoluteThickness wirkt und zeichnen anschließend noch ein dünnes Kreislein in den Mittelpunkt.

```
In[124]:= Show[Graphics[
              {{AbsoluteThickness[3],
              Line[{{0, 0}, {1, 1}}]], Circle[{0, 0}, Sqrt[2]]},
              Circle[{0, 0}, .05], Text["Radius", {.8, .4}]}],
           Axes -> True, AspectRatio -> 1, ImageSize -> 180];
```

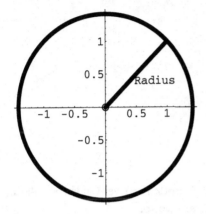

■ 3.4.2 Graphics3D-Objekte (dreidimensional)

Bei dreidimensionalen Grafik-Objekten funktioniert alles analog. Hier stehen Cuboid, Line, Point, Polygon und Text als Grafik-Elemente zur Verfügung. Listen von solchen Grafik-Elementen, eventuell zusammen mit Grafik-Anweisungen, werden in ein Graphics3D-Objekt geschrieben und mit Show gezeichnet.

Wir wollen als Beispiel 100 zufällig plazierte kleine Würfel zeichnen. Um die Liste der Eckpunkte zu erzeugen, verwenden wir den Pseudozufallsgenerator Random. In der einfachsten Variante, ohne Argument, liegen die Resultate im Intervall [0,1]. Also ergibt

```
In[125]:= Table[{Random[], Random[], Random[]}, {100}];
```

eine Liste von 100 »zufälligen« Zahlentripeln. Die Cuboid-Elemente sind, sofern man nur ein Argument übergibt, Einheitswürfel mit gegebenem Eckpunkt. Damit sich nicht alle Würfel überschneiden, skalieren wir die Koordinaten mit dem Faktor 20. Wir können nun Cuboid einfach mit Map oder /@ auf die Liste der Koordinaten abbilden und das Resultat in ein Graphics3D-Objekt stecken.

```
In[126]:=  Show[Graphics3D[
             Cuboid/@ (20 Table[{Random[], Random[], Random[]}, {100}])],
           ImageSize -> 180];
```

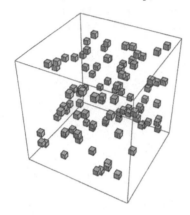

Zum zufälligen Einfärben der Würfel (mit `SurfaceColor`) verwenden wir die in der obigen Vertiefung angesprochene Technik mit `Transpose`.

```
In[127]:=  Show[Graphics3D[
             Transpose[{Table[SurfaceColor[Hue[Random[]]], {100}],
               Cuboid/@ (20 Table[{Random[], Random[], Random[]},
                 {100}])}]], ImageSize -> 180];
```

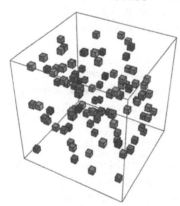

■ 3.4.3 Objekte aus Standard-Paketen

Verschiedene Standard-Pakete im Verzeichnis `Graphics` enthalten Hilfsmittel zur Erzeugung von Grafik-Objekten. Falls noch nicht getan, laden wir alle Definitionen des Verzeichnisses mit

```
In[128]:=  << Graphics`
```

■ Pfeile

Im Paket Graphics`Arrow` sind Grafik-Objekte für Pfeile definiert. Man verwendet
sie so:

```
In[129]:=  Show[Graphics[
              {Arrow[{0, 0}, {1, 1}], Arrow[{0, 1}, {1, 0}]}],
           ImageSize -> 160];
```

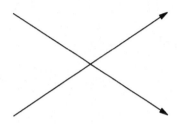

Die Dokumentation im *Help Browser* informiert über die verschiedenen Optionen zur
Veränderung der Pfeilspitzen.

```
In[130]:=  Show[Graphics[
              {Arrow[{0, 0}, {1, 1}, HeadLength → .1], Arrow[{0, 1}, {1, 0},
              HeadLength → .1, HeadCenter → 0]}], ImageSize -> 160];
```

■ Polyeder

Das Paket Graphics`Polyhedra` enthält die Definitionen von Polyedern. Wir
zeichnen als Beispiel ein Ikosaeder.

In[131]:= **Show[Polyhedron[Icosahedron],**
        Boxed -> False, ImageSize -> 180];

▪ Dreidimensionale Objekte

Im Paket Graphics`Shapes` sind die Definitionen für Zylinder, Konus, Torus, Kugeloberflächen etc. zur Verwendung in Graphics3D-Objekten verfügbar.

In[132]:= **Show[Graphics3D[MoebiusStrip[3, 1, 50]],**
        Boxed -> False, ImageSize -> 180];

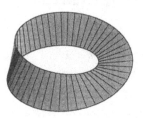

Es gibt auch Funktionen zum Rotieren der Objekte und zum Zeichnen von Gittermodellen.

```
In[133]:= Show[Graphics3D[Sphere[1, 20, 20]],
          Boxed -> False, ImageSize -> 180];
```

```
In[134]:= Show[WireFrame[Graphics3D[Sphere[1, 20, 20]]],
          Boxed -> False, ImageSize -> 180];
```

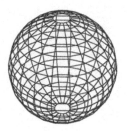

■ Vertiefung

● Splines

Grob gesagt, werden mit *Spline*-Funktionen Polygone durch möglichst »glatte« polynomiale Kurven approximiert. Es gibt dazu verschiedenste Varianten, die man je nach Problemstellung wählt. Viele sind im Paket `Graphics`Spline`` schon vordefiniert.

Wir betrachten einige Punkte und das zugehörige Polygon.

```
In[135]:= punkte = {{0, 0}, {0, 1}, {1, 1}, {2, 2}};
```

In[136]:= **Show[Graphics[{Hue[0], Line[punkte]}], ImageSize -> 160];**

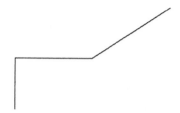

Eine kubische Interpolation wird durch folgenden Befehl gezeichnet:

In[137]:= **Show[Graphics[{Hue[0], Line[punkte],**
GrayLevel[0], Spline[punkte, Cubic]}], ImageSize -> 160];

■ Übungen

• Pythagoras

Zeichnen Sie ein rechtwinkliges Dreieck und über den Seiten, zur Veranschaulichung des Satzes von Pythagoras, die drei Quadrate.

Tip: Verwenden Sie AspectRatio, um die Zeichnung richtig zu skalieren.

Färben Sie die Quadrate verschieden ein.

• Thaleskreis

Zeichnen Sie ein rechtwinkliges Dreieck und den Thaleskreis.

Bezeichnen Sie den Mittelpunkt mit einem kleinen Punkt.

Zeichnen Sie zusätzlich einen Radius mit einem Pfeil.

Beschriften Sie die Dreiecksseiten, den Radius und den Kreis.

Zeichnen Sie nur den Halbkreis auf der Seite der Katheten.

- **Torus**

`Torus[]` (aus `Graphics`Shapes``) ergibt eine lange Liste von Polygonen. Werfen Sie die ersten 40 Elemente der Liste weg und betrachten Sie das resultierende Objekt.

Rotieren Sie das Bild so, daß man in das Loch hineinschaut.

Zeichnen Sie davon ein Gittermodell.

Zeichnen Sie einen Torus mit einem 24×12-Gitternetz.

Werfen Sie Polygone derart aus der Liste, daß der löchrige Torus unter dem Titel des 1. Teils entsteht.

Mit doppelt so vielen Flächen in jeder Richtung und einer Einfärbung der Oberflächen ergibt sich das Titelbild des Buches.

- **Mehrere Objekte**

Zeichnen Sie unter Verwendung von `Graphics`Shapes`` eine Kugel und einen genügend langen Zylinder mit halbem Radius der Kugel und Achse durch die Kugelmitte. Das Resultat könnte zum Beispiel so aussehen:

Verwenden Sie nun die Funktion `TranslateShape` (aus dem Paket), um den Zylinder um eine Radiuslänge in x-Richtung zu verschieben.

Betrachten Sie das Gittermodell dieses Objekts.

- **Schachteln**

Das Titelbild zum 4. Teil besteht aus offenen «Schachteln», die sich aus fünf Polygonen für die Seitenflächen zusammensetzen. Durch eine Parametrisierung mit Kugelkoordinaten ist es recht einfach, diese Schachteln auf eine Kugelfläche zu setzen. Versuchen Sie dies.

■ 3.5 Anwendung: Mechanismus

Wir wollen nun unsere Kenntnisse verwenden, um einen einfachen ebenen Mechanismus zu animieren. Dieser besteht aus zwei gelenkig verbundenen Stäben (Längen 1 bzw. 4 Einheiten). Der kurze ist gelenkig gelagert und rotiert mit konstanter Rotationsschnelligkeit, der lange gleitet auf einer horizontalen Fläche. Das Lager befindet sich 2 Einheiten über der Horizontalfläche.

(Falls die Grafiken nicht mehr schön aussehen, so können sie angeklickt und mit dem Menü **Cell > Rerender Graphics** neu gezeichnet werden.)

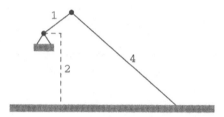

Der Drehwinkel φ soll nun variiert werden.

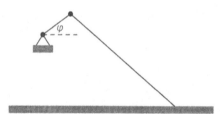

Wir legen den Koordinatenursprung in das Lager. Damit können wir die Gelenkkoordinaten ermitteln:

In[138]:= **gelenk[φ_] = {Cos[φ], Sin[φ]};**

Das gleitende Ende des langen Stabs hat die y-Koordinate -2. Die x-Koordinate setzt sich zusammen aus derjenigen des Gelenks und der horizontalen Kathete des großen rechtwinkligen Dreiecks, die wir mit dem Satz von Pythagoras berechnen.

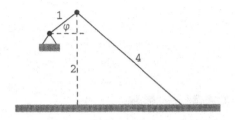

In[139]:= **ende[φ_] = $\left\{ \text{Cos}[\varphi] + \sqrt{16 - (2 + \text{Sin}[\varphi])^2}, -2 \right\}$;**

Damit können wir eine Funktion definieren, welche bei gegebenem Winkel φ die Grafik-Elemente zum Zeichnen der beiden Stäbe und eines Kreises für das Gelenk liefert.

In[140]:= **stäbe[φ_] =**
    {Disk[gelenk[φ], .07], Line[{{0, 0}, gelenk[φ], ende[φ]}]};

In[141]:= **Show[Graphics[stäbe[0]],**
    AspectRatio -> Automatic, ImageSize -> 160];

Jetzt definieren wir eine Liste mit den Elementen, welche wir zur Darstellung der Lager verwenden wollen. Die Lager bleiben fest, deshalb brauchen wir keine Funktion von φ.

In[142]:= **lager =**
    {Line[{{-.2, -.3}, {0, 0}, {.2, -.3}}], Disk[{0, 0}, .07],
    GrayLevel[.5], Rectangle[{-.3, -.3}, {.3, -.5}],
    Rectangle[{-1, -2}, {5, -2.2}]};

In[143]:= **Show[Graphics[lager], AspectRatio -> Automatic];**

Damit sind wir praktisch schon fertig. Mit Table erzeugen wir nun eine ganze Liste von Grafiken und achten darauf, daß bei allen das gleiche Rechteck gezeichnet wird.

In[144]:= **Table[Show[Graphics[{lager, stäbe[φ]}],**
            PlotRange → {{-1.1, 5.1}, {-2.5, 1.5}},
            AspectRatio → Automatic], $\left\{\varphi, 0, 2\pi - \dfrac{\pi}{10}, \dfrac{\pi}{10}\right\}$];

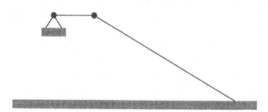

Diese Zellgruppe kann im Notebook geschlossen und mit **Cell > Animate Selected Graphics** animiert werden.

Der folgende Befehl zeigt eine Überlagerung aller Bilder des Films:

In[145]:= **Show[%];**

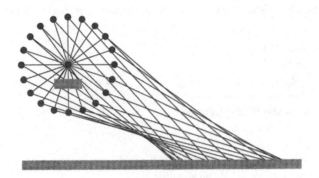

■ Übungen

• Skizzen

Erzeugen Sie die drei Skizzen des Mechanismus aus dem obigen Abschnitt.

• Wurfparabel

Animieren Sie den Flug eines Balles unter Vernachlässigung der Reibung.

Tip: Beim Abwurf im Koordinatenursprung mit Anfangsschnelligkeit v_0, Abwurfwinkel α und Erdbeschleunigung g sind die x- und y-Koordinaten zur Zeit t gegeben durch $x = v_0\, t\,(\cos\alpha)$ und $y = v_0\, t\,(\sin\alpha) - \frac{g\,t^2}{2}$.

Im Notebook ist ein Lösungsvorschlag:

Zeichnen Sie den Grafen der Wurfparabel dazu.

Auch hier zeigt das Notebook eine mögliche Lösung:

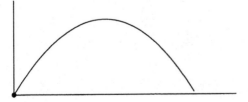

• **Zykloide**

Ein Rad rollt auf einer horizontalen Unterlage. Beim halben Radius ist ein Punkt des Rades markiert. Dieser beschreibt bei der Bewegung eine (verkürzte) Zykloide. Visualisieren Sie das Rad und die Kurve.

Ein statisches Bild könnte so aussehen.

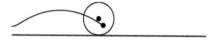

Im Notebook findet sich ein Vorschlag für die Animation:

Nun können Sie sehr einfach auch andere Zykloiden visualisieren.

4. Teil: Einstieg in die Programmierung

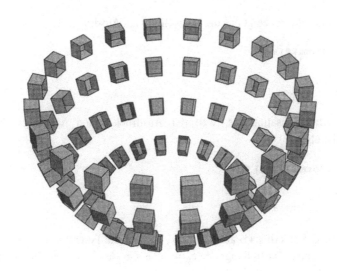

Wir wollen nun die Funktionsweise von *Mathematica* besser verstehen lernen, um dann unsere Rechnungen gezielter angehen und einfache Programme entwickeln zu können. Dazu müssen wir die interne Darstellung als Ausdrücke kennen und wissen, wie Muster in Definitionen und Transformationsregeln zur Anwendung kommen.

Wir werden sehen, daß in *Mathematica* alle Hilfsmittel für den aus Sprachen wie Pascal, Modula-2, C oder Fortran bekannten prozeduralen Programmierstil vorhanden sind, daß aber viele Problemstellungen mit Hilfe von funktionalen oder regelbasierten Programmen einfacher lösbar sind.

Den Abschluß bilden einige Hinweise auf Literatur und im World Wide Web verfügbare Programmsammlungen.

■ 4.1 Ausdrücke

Mathematica arbeitet intern mit einer einheitlichen Darstellung aller Objekte als *Ausdrücke* (englisch *expressions*). Sogar ganze Notebooks sind solche Ausdrücke und können entsprechend programmiert werden. Ein Ausdruck ist entweder atomar: eine Zahl, ein Name oder eine Zeichenkette (englisch *string*). Oder er ist zusammengesetzt und hat die Form $f[a_1, a_2, ...]$. Dabei wird f als *Kopf* (englisch *head*) bezeichnet und in den eckigen Klammern steht eine endliche Anzahl (oder null) Argumente a_1, a_2, ... Die Argumente sind selbst wieder Ausdrücke.

Die Funktion `FullForm` zeigt uns die Darstellung als Ausdruck. Bei

In[1]:= **FullForm[f[x]]**

Out[1]//FullForm=
    f[x]

ergibt sich nichts Sensationelles, weil der Ausdruck schon richtig geschrieben war. Interessanter ist aber:

In[2]:= **FullForm[(a + b) ^n]**

Out[2]//FullForm=
    Power[Plus[a, b], n]

Hier sehen wir, daß intern a+b als `Plus[a,b]` und die Potenz mit `Power` geschrieben wird. Eine alternative Darstellungsweise, welche die durch die Hierarchiestufen entstehende Baumstruktur veranschaulicht, ist `TreeForm`.

In[3]:= **TreeForm[(a + b) ^n]**

Out[3]//TreeForm=
    Power[| , n]
              Plus[a, b]

Wir sehen, daß das erste Argument von `Power` selbst wieder ein strukturierter Ausdruck ist (nämlich `Plus[a,b]`); der vertikale Strich | zeigt auf die nächste Stufe der Hierarchie. Das zweite Argument ist atomar.

Etwas komplizierter ist:

```
In[4]:= TreeForm[{a, (a^2 - b)^n}]
```

Out[4]//TreeForm=

$$
\text{List}\Big[a, \quad\Big]
$$

$$
\text{Power}\Big[\quad , n\Big]
$$

$$
\text{Plus}\Big[\quad , \quad \Big]
$$

$$
\text{Power}[a, 2] \quad \text{Times}[-1, b]
$$

Die Kenntnis der Darstellungsweise als Ausdruck ist bei einigen Problemstellungen mit Mustern wichtig (siehe Vertiefung). *Mathematica* verwendet in allen Rechnungen, und insbesondere beim Vergleich von Mustern, immer diese Darstellung.

Viele Funktionen zur Bearbeitung von Listen funktionieren auch für Ausdrücke. Wir betrachten:

```
In[5]:= ausdruck = 1 + x + x^2
```

Out[5]= $1 + x + x^2$

```
In[6]:= FullForm[ausdruck]
```

Out[6]//FullForm=

```
Plus[1, x, Power[x, 2]]
```

Der erste Teil davon (das erste Argument des äußersten Ausdrucks) ist

```
In[7]:= ausdruck[[1]]
```

Out[7]= 1

der zweite Teil ist

```
In[8]:= ausdruck[[2]]
```

Out[8]= x

Wir können problemlos mit Append ein weiteres Element »anhängen«:

```
In[9]:= Append[ausdruck, x^3]
```

Out[9]= $1 + x + x^2 + x^3$

■ Vertiefung

● Muster für rationale und komplexe Zahlen

Für rationale Zahlen verwendet *Mathematica* die Darstellung Rational:

In[10]:= **FullForm[3 / 4]**

Out[10]//FullForm=
          Rational[3, 4]

Will man den Zähler und den Nenner einer rationalen Zahl bestimmen und die beiden als Liste zusammensetzen, so schreibt man:

In[11]:= **zählerUndNenner[Rational[a_, b_]] = {a, b}**

Out[11]= {a, b}

In[12]:= **zählerUndNenner[3 / 4]**

Out[12]= {3, 4}

Die folgende Version funktioniert nicht

In[13]:= **funktioniertNicht[a_ / b_] = {a, b}**

Out[13]= {a, b}

In[14]:= **funktioniertNicht[3 / 4]**

Out[14]= funktioniertNicht$\left[\dfrac{3}{4}\right]$

weil das Muster in der Definition nicht paßt:

In[15]:= **FullForm[a_ / b_]**

Out[15]//FullForm=
          Times[Pattern[a, Blank[]], Power[Pattern[b, Blank[]], -1]]

Ohne die Blanks ist dies noch einfacher zu sehen:

In[16]:= **FullForm[a / b]**

Out[16]//FullForm=
          Times[a, Power[b, -1]]

Analog dazu werden komplexe Zahlen intern mit Complex geschrieben:

In[17]:= **FullForm[2 + 3 I]**

Out[17]//FullForm=
          Complex[2, 3]

■ Übungen

● Struktur von Ausdrücken

Studieren Sie die interne Darstellung der folgenden Ausdrücke:

```
(a + b) ^ 2
```

$$a^2 + 2\,a\,b + b^2$$

```
x'[t]
```

```
D[s[x, y], x, y]
```

- **Real- und Imaginärteil**

Studieren Sie die obige Vertiefung. Definieren Sie durch Mustererkennung eine Funktion, die den Real- und den Imaginärteil einer komplexen Zahl als Liste zurückgibt. (Die Verwendung von Re und Im ist hier verboten.)

■ 4.2 Muster

Wir haben schon im ersten Teil gesehen, daß die linken Seiten von Transformationsregeln und Definitionen als *Muster* (englisch *pattern*) interpretiert werden müssen. Die Muster enthalten im allgemeinen *Blanks* (_), die mit irgendeinem Ausdruck gefüllt werden können. Ein Ausdruck paßt also auf ein Muster, wenn er (in der internen Darstellung) genau dieselbe Struktur wie das Muster hat, wobei statt der Blanks im Muster beliebige Unterausdrücke stehen können.

Es gibt verschiedene nützliche Hilfsmittel, um Muster einzuschränken oder kompliziertere Muster zusammenzustellen.

■ 4.2.1 Einfache Muster

Wir betrachten den folgenden Ausdruck:

In[18]:= **formel = 1 + x + x ^ 2 + y ^ 3 + z ^ 2 + x ^ 2 Sin[z]**

Out[18]= $1 + x + x^2 + y^3 + z^2 + x^2\,\mathrm{Sin}[z]$

Mit Hilfe von Transformationsregeln können wir Werte einsetzen.

In[19]:= **formel /. x -> 3**

Out[19]= $13 + y^3 + z^2 + 9\,\mathrm{Sin}[z]$

Die linke Seite der Transformationsregel, also x, ist hier ein sehr spezielles Muster. Es spricht nur auf den Ausdruck x an. Wenn wir x durch ein Blank ersetzen, so geschieht nichts Sensationelles; die ganze Formel paßt nämlich auf das Muster, und damit wird alles durch die rechte Seite der Transformationsregel ersetzt.

In[20]:= **formel /. _ -> 3**

Out[20]= 3

Die Sache wird interessanter, wenn wir ein Muster der Form _^2 verwenden, um alle Quadrate null zu setzen.

In[21]:= **formel /. _^2 -> 0**

Out[21]= $1 + x + y^3$

Oder wir können alle Potenzen verschwinden lassen:

In[22]:= **formel /. _^_ -> 0**

Out[22]= $1 + x$

Oder wir schreiben eine Summe von zwei Quadraten in eine neue Form um:

In[23]:= **formel /. a_^2 + b_^2 -> quadratsumme[a, b]**

Out[23]= $1 + x + y^3 + \text{quadratsumme}[x, z] + x^2 \, \text{Sin}[z]$

Die Verwendung von Mustern in Definitionen ist völlig analog. Wir ziehen zum Beispiel die Koeffizienten eines linearen Polynoms in einer gegebenen Variablen als Liste heraus:

In[24]:= **koeffizienten[a_ + b_ x_, x_] = {a, b};**

In[25]:= **koeffizienten[1 + 2 y, y]**

Out[25]= {1, 2}

Falls ein Ausdruck nicht auf das Muster paßt, so wird nicht ausgewertet.

In[26]:= **koeffizienten[1 + 2 x + 4 y^2, y]**

Out[26]= $\text{koeffizienten}[1 + 2 x + 4 y^2, y]$

Um wirklich brauchbar zu sein, muß die obige Definition noch verfeinert werden. Sie funktioniert in den folgenden Fällen nicht wie gewünscht:

In[27]:= **koeffizienten[2 y, y]**

Out[27]= $\text{koeffizienten}[2 y, y]$

(Der Ausdruck paßt nicht auf das Muster, weil kein konstanter Summand vorkommt.)

In[28]:= **koeffizienten[1 + y, y]**

Out[28]= koeffizienten[1 + y, y]

(Der Ausdruck paßt auch nicht auf das Muster, weil beim linearen Term kein Faktor vorkommt.)

In[29]:= **koeffizienten[1 + 2 y + y^2, y]**

Out[29]= $\{1 + y^2, 2\}$

(1+y^2 paßt in das a_ des Musters.)

Zum Glück existieren einfache Hilfsmittel, um diese Fälle ohne großen Aufwand aufzufangen. Wir besprechen sie in den nächsten zwei Abschnitten.

■ 4.2.2 Einschränkungen

Es gibt drei Methoden, um Muster zu definieren, die nur unter einschränkenden Bedingungen ansprechen sollen:
• Einschränkung auf bestimmte Köpfe des Ausdrucks,
• Einschränkung mit / ; -Operator,
• Einschränkung mit Testfunktionen.

■ Einschränkung auf Ausdrücke mit bestimmtem Kopf

Wir haben gesehen, daß jeder Ausdruck einen Kopf (englisch *head*) hat. Dies ist der Name, der vor der äußersten eckigen Klammer steht. Die Funktion Head zeigt, daß auch atomare Ausdrücke einen verborgenen Kopf haben:

In[30]:= **Head /@ {a, "x", 1, 1.1}**

Out[30]= {Symbol, String, Integer, Real}

Eine mit geschweiften Klammern geschriebene Liste hat den Kopf List.

In[31]:= **Head[{a, b}]**

Out[31]= List

Indem wir in einem Muster gewisse Blanks mit den Namen der gewünschten Köpfe versehen, spricht das Muster nur noch auf solche Ausdrücke an. Wir betrachten eine Funktion, welche nur für Listen funktioniert. (Hier ist eine verzögerte Definition nötig, weil die rechte Seite erst für die später eingesetzte Liste ausgewertet werden kann.)

```
In[32]:= erstesElement[l_] := l[[1]]
```

```
In[33]:= erstesElement[{a, b, c}]
```

Out[33]= a

Diese Definition produziert eine Fehlermeldung, falls der eingesetzte Ausdruck atomar ist:

```
In[34]:= erstesElement[1]
```

```
        Part::partd :
          Part specification 1[[1]] is longer than depth of object.
```

Out[34]= 1[[1]]

Deshalb ist die folgende Version besser:

```
In[35]:= Clear[erstesElement]
```

```
In[36]:= erstesElement[l_List] := l[[1]]
```

```
In[37]:= erstesElement[{a, b, c}]
```

Out[37]= a

```
In[38]:= erstesElement[1]
```

Out[38]= erstesElement[1]

■ Einschränkungen mit /;

Sowohl im Muster selbst als auch anschließend an die ganze Definition können mit dem Operator /; Einschränkungen vorgenommen werden. Auf der rechten Seite des Operators muß eine Testfunktion stehen, welche für diejenigen Ausdrücke, auf welche das Muster ansprechen soll, das Resultat True liefert.

Damit definieren wir eine Funktion, welche nur positive Argumente auswertet:

```
In[39]:= numerischeWurzel[x_] := √N[x] /; x ≥ 0
```

```
In[40]:= numerischeWurzel[2]
```

Out[40]= 1.41421

```
In[41]:= numerischeWurzel[-1]
```

Out[41]= numerischeWurzel[-1]

Die alternative Version, bei der die Beschränkung direkt in das Muster gesetzt wird, funktioniert genau so gut.

In[42]:= **numerischeWurzel2[x_ /; x ≥ 0] := $\sqrt{N[x]}$**

In[43]:= **numerischeWurzel2 /@ {2, -1}**

Out[43]= {1.41421, numerischeWurzel2[-1]}

Das folgende Beispiel läßt sich nur noch mit der ersten Variante definieren:

In[44]:= **wurzelSumme[x_, y_] := $\sqrt{N[x+y]}$ /; x + y ≥ 0**

In[45]:= **wurzelSumme[5, -2]**

Out[45]= 1.73205

In[46]:= **wurzelSumme[-5, 2]**

Out[46]= wurzelSumme[-5, 2]

Mit derartigen Beschränkungen können wir auch stückweise definierte Funktionen erstellen.

In[47]:= **stückweise[x_] := x^2 /; x > 0**

In[48]:= **stückweise[x_] := -x /; x ≤ 0**

In[49]:= **Plot[stückweise[x], {x, -1, 1}];**

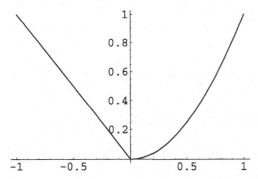

Ableitungen und Integrale von Funktionen, welche so definiert wurden, lassen sich nicht berechnen. Dazu verwendet man besser die Funktion UnitStep, welche in Version 3.0.x im Paket Calculus`DiracDelta` steht und in späteren Versionen im Kernel eingebaut ist.

■ Testfunktionen

Mathematica kennt eine ganze Anzahl von Testfunktionen, welche unter anderem bei der Einschränkung von Mustern nützlich sind. Ihr Name endet jeweils mit einem Q. Sie liefern True, falls der Test erfüllt ist, und False in allen anderen Fällen (der Test ist nicht erfüllt oder das Resultat unbestimmt). Der folgende Befehl listet sie auf:

```
In[50]:=  ? *Q
```

```
ArgumentCountQ          MatrixQ
AtomQ                   MemberQ
DigitQ                  NameQ
EllipticNomeQ           NumberQ
EvenQ                   NumericQ
ExactNumberQ            OddQ
FreeQ                   OptionQ
HypergeometricPFQ       OrderedQ
InexactNumberQ          PartitionsQ
IntegerQ                PolynomialQ
IntervalMemberQ         PrimeQ
InverseEllipticNomeQ    SameQ
LegendreQ               StringMatchQ
LetterQ                 StringQ
LinkConnectedQ          SyntaxQ
LinkReadyQ              TrueQ
ListQ                   UnsameQ
LowerCaseQ              UpperCaseQ
MachineNumberQ          ValueQ
MatchLocalNameQ         VectorQ
MatchQ
```

Zusätzlich sind auch die Funktionen Positive, Negative und NonNegative hilfreich. Sie bleiben aber eventuell unausgewertet:

```
In[51]:=  Positive/@{-1, 0, 1, a}
```

```
Out[51]=  {False, False, True, Positive[a]}
```

Mit Hilfe von TrueQ können wir eine Testfunktion erzeugen, welche in einem solchen Fall False ergibt:

```
In[52]:=  meinPositiveQ[x_] := TrueQ[Positive[x]]
```

```
In[53]:=  meinPositiveQ/@{-1, 0, 1, a}
```

```
Out[53]=  {False, False, True, False}
```

Mit der Funktion FreeQ, welche testet, ob ein Ausdruck ein Symbol enthält, schließen wir bei der obigen Definition von koeffizienten den Fall aus, daß der konstante Summand eine höhere Potenz von x enthält. Dazu müssen wir zuerst die alte Definition löschen, die sonst weiterhin aktiv bleibt, und eine verzögerte Definition verwenden, damit der Test richtig ausgewertet wird.

In[54]:= **Clear[koeffizienten]**

In[55]:= **koeffizienten[a_ + b_ x_, x_] := {a, b} /; FreeQ[a, x]**

In[56]:= **koeffizienten[1 + 2 y + y^2, y]**

Out[56]= koeffizienten[1 + 2 y + y^2, y]

■ Einschränkung mit Testfunktionen

Muster können auch mit (reinen) Testfunktion eingeschränkt werden. Dazu verwenden wir die Form *muster?testfunktion*. Dann wird die Testfunktion auf das Argument angewendet, und das Muster paßt, sofern sie True ergibt. Mit EvenQ lassen wir bei der folgenden Definition nur gerade Argumente zu.

In[57]:= **halbiere[n_ ? EvenQ] = n / 2;**

In[58]:= **halbiere /@ {1, 2}**

Out[58]= {halbiere[1], 1}

Natürlich können wir auch eigene Testfunktionen definieren, am besten als Reine Funktionen. In der folgenden Definition wird getestet, ob das Argument eine nichtnegative ganze Zahl ist.

In[59]:= **fakultät[n_ ? (# ≥ 0 && IntegerQ[#] &)] = n!;**

In[60]:= **fakultät /@ {-1, 1 / 2, 10}**

Out[60]= $\left\{ \text{fakultät}[-1], \text{fakultät}\left[\frac{1}{2}\right], 3628800 \right\}$

Eine Alternative dazu wäre:

In[61]:= **fakultät2[n_ ? (NonNegative[#] && IntegerQ[#] &)] = n!;**

In[62]:= **fakultät2 /@ {-1, 1 / 2, 10}**

Out[62]= $\left\{ \text{fakultät2}[-1], \text{fakultät2}\left[\frac{1}{2}\right], 3628800 \right\}$

■ 4.2.3 Kompliziertere Formen

Es existieren noch verschiedene weitere Hilfsmittel, um kompliziertere Muster zu erstellen (siehe Kapitel 2.3.6 *ff* des *Mathematica* Buches). Wir besprechen hier nur die wichtigsten.

■ Alternativen

Mit der Oder-Verknüpfung | können wir alternative Formen von Mustern zu einem Muster zusammenfassen.

```
In[63]:= x + x^2 + x^3 + y /. x | x^_ -> c

Out[63]= 3 c + y
```

■ Fakultative Argumente und Vorgabewerte

Die folgende Funktion soll die beiden Argumente addieren:

```
In[64]:= addiere[x_, y_] = x + y;
```

```
In[65]:= addiere[a, b]

Out[65]= a + b
```

Falls nur ein Argument vorliegt, so paßt das Muster nicht, und es passiert deshalb nichts.

```
In[66]:= addiere[a]

Out[66]= addiere[a]
```

Vielleicht soll aber in solchen Fällen das Argument selbst zurückgegeben werden. Dies erreichen wir durch Angabe eines Vorgabewertes nach einem Doppelpunkt. Dann wird, sofern das Argument fehlt, der Vorgabewert eingesetzt.

```
In[67]:= addiere[x_, y_: 0] = x + y;
```

```
In[68]:= addiere[a, b]

Out[68]= a + b
```

```
In[69]:= addiere[a]

Out[69]= a
```

Für Summen, Produkte und Potenzen sind die Vorgabewerte 0, 1 und 1 schon eingebaut. Man definiert darin ein fakultatives Argument, indem man einen Punkt hinter den Blank setzt. Damit können wir für unsere `koeffizienten`-Funktion eine verfeinerte Variante erstellen:

In[70]:= **`Clear[koeffizienten]`**

In[71]:= **`koeffizienten[a_ . + b_ . x_, x_] := {a, b} /; FreeQ[a, x]`**

Nun wird ein fehlender konstanter Summand durch 0 und ein fehlender Koeffizient beim linearen Term durch 1 ersetzt.

In[72]:= **`koeffizienten[x, x]`**

Out[72]= $\{0, 1\}$

■ 4.2.4 Anwendung: Ein einfacher Integrator

Weil *Mathematica* bei der Auswertung im wesentlichen einfach alle Definitionen (in einer sinnvollen Reihenfolge) verwendet und das Resultat umformt, bis sich nichts mehr ändert, können wir sehr einfach Programme erstellen, die recht komplexe Probleme lösen.

Als Beispiel wollen wir eine eigene Integrationsfunktion zusammenstellen, welche polynomiale Ausdrücke integrieren kann. Wir nennen die Funktion `meinIntegrator`. Analog zu `Integrate` soll man ihr im ersten Argument den zu integrierenden Ausdruck und im zweiten die Integrationsvariable übergeben.

Wir beginnen mit zwei Definitionen für die Linearität. Das Integral einer Summe ist die Summe der Integrale:

In[73]:= **`meinIntegrator[y_ + z_, x_] :=`**
`     meinIntegrator[y, x] + meinIntegrator[z, x]`

Eine Konstante (sie enthält die Funktionsvariable nicht) kann vor das Integral gezogen werden.

In[74]:= **`meinIntegrator[c_ y_, x_] :=`**
`     c meinIntegrator[y, x] /; FreeQ[c, x]`

Das Integral einer Konstanten ist:

In[75]:= **`meinIntegrator[c_, x_] := c x /; FreeQ[c, x]`**

Das Integral einer ganzzahligen Potenz, außer -1, verarbeiten wir mit:

In[76]:= **`meinIntegrator[x_^n_., x_] :=`** $\dfrac{x^{n+1}}{n+1}$ **`/; FreeQ[n, x] && n ≠ -1`**

Damit können wir schon verblüffend viel ausrechnen.

In[77]:= **meinIntegrator$\left[\mathbf{a\,x^2 + b\,x + c + \dfrac{1}{x}},\ \mathbf{x}\right]$**

Out[77]= $c\,x + \dfrac{b\,x^2}{2} + \dfrac{a\,x^3}{3} + \text{meinIntegrator}\left[\dfrac{1}{x},\ x\right]$

Das Integral von $\frac{1}{x}$ läßt sich mit den obigen Definitionen noch nicht ermitteln. Trotzdem wird automatisch der Rest so weit wie möglich ausgerechnet!

Mit der zusätzlichen Definition

In[78]:= **meinIntegrator$\left[\dfrac{1}{\mathbf{a\_\,.\ x\_ + b\_\,.}},\ \mathbf{x\_}\right]$:=**

$\dfrac{\textbf{Log[a\,x + b]}}{\textbf{a}}$ **/; FreeQ[{a, b}, x]**

kommen wir noch einen Schritt weiter:

In[79]:= **meinIntegrator$\left[\mathbf{a\,x^2 + b\,x + c + \dfrac{1}{x}},\ \mathbf{x}\right]$**

Out[79]= $c\,x + \dfrac{b\,x^2}{2} + \dfrac{a\,x^3}{3} + \text{Log}[x]$

Der Integrator in Version 1 von *Mathematica* war in dieser Weise aufgebaut. Seit der Version 2 ist er aber durch einen wesentlich besseren Algorithmus implementiert.

■ Vertiefung

● Muster von Ableitungen

Ableitungen haben als *Mathematica*-Ausdruck die folgende Form:

In[80]:= **FullForm[x'[t]]**

Out[80]//FullForm=
     Derivative[1][x][t]

Weil hier kein x[t] vorkommt, paßt eine Transformationsregel für x[t], wie wir sie zum Beispiel bei der Lösung einer Differentialgleichung erhalten, nicht auf das Muster der Ableitung:

In[81]:= **DSolve[x'[t] == x[t], x[t], t]**

Out[81]= $\{\{x[t] \rightarrow E^t\ C[1]\}\}$

In[82]:= **x'[t] /. %[[1]]**

Out[82]= $x'[t]$

Falls wir die Lösung aber als Reine Funktion verlangen, also als Transformationsregel für x selbst, so paßt das Muster.

In[83]:= **DSolve[x'[t] == x[t], x, t]**

Out[83]= $\{\{x \to (E^{\#1} C[1] \&)\}\}$

In[84]:= **x'[t] /. %[[1]]**

Out[84]= $E^t C[1]$

Damit können wir die Lösung verifizieren.

In[85]:= **x'[t] == x[t] /. %%[[1]]**

Out[85]= True

• Mehrere Argumente

Vor allem bei der Programmierung von Funktionen mit Optionen muß man eine unbekannte Zahl von Argumenten verarbeiten können. Zwei Blanks (__) stehen für eines oder mehrere Argumente, drei Blanks (___) für keines oder beliebig viele.

Zur Illustration betrachten wir eine Funktion, welche die Argumente in eine Liste verwandelt. Die Liste kann auch leer sein. Deshalb setzen wir drei Blanks.

In[86]:= **argumenteInListe[x___] = {x}**

Out[86]= $\{x\}$

In[87]:= **argumenteInListe[]**

Out[87]= $\{\}$

In[88]:= **argumenteInListe[a, b, c]**

Out[88]= $\{a, b, c\}$

• Funktionen mit Optionen

Wir wollen nun das Skelett einer Funktion mit Optionen entwickeln. Ihr Name sei skelett. Sie möge ein Argument und zwei Optionen opt1 und opt2 haben. Zur Veranschaulichung sei ihr Resultat einfach die Liste bestehend aus dem Argument und den Werten der beiden Optionen.

Die Vorgabewerte der Optionen seien vorgabe1 und vorgabe2. Falls der Benutzer eine (oder beide) Optionen nicht angibt, so werden diese Werte verwendet. Es ist eine Konvention in *Mathematica*, daß die Liste der Vorgabewerte der Optionen in der folgenden Art der eingebauten Funktion Options übergeben wird:

In[89]:= **Options[skelett] = {opt1 → vorgabe1, opt2 → vorgabe2};**

Nun kann man den Vorgabewert der ersten Option für opt1 ermitteln:

In[90]:= **opt1 /. Options[skelett]**

Out[90]= vorgabe1

Weil der /. Operator von links nach rechts arbeitet, wird im folgenden Ausdruck zuerst die Option opt1 auf 3 gesetzt und auf das Resultat noch die Liste der Vorgabewerte angewendet. Dies hat aber keinen Effekt mehr auf opt1, da es ja schon vorher 3 wurde.

In[91]:= **opt1 /. opt1 → 3 /. Options[skelett]**

Out[91]= 3

Damit läßt sich die skelett-Funktion einfach definieren:

In[92]:= **skelett[x_, opts___] := {x, opt1, opt2} /. {opts} /. Options[skelett]**

Falls keine Option übergeben wird, so kommen die Vorgabewerte zum Zug:

In[93]:= **skelett[a]**

Out[93]= {a, vorgabe1, vorgabe2}

Falls aber Optionen gesetzt sind, so werden diese Werte verwendet:

In[94]:= **skelett[a, opt2 → mein2]**

Out[94]= {a, vorgabe1, mein2}

Nun ist es noch sinnvoll, einerseits mit der Testfunktion OptionQ sicherzustellen, daß wirklich Optionen (Transformationsregeln) eingesetzt sind und andererseits dafür zu sorgen, daß die Sache auch funktioniert, falls eine Liste von Optionen übergeben wird. Damit sieht das Skelett schlußendlich so aus:

In[95]:= **Clear[skelett]**

In[96]:= **skelett[x_, opts___?OptionQ] :=**
          {x, opt1, opt2} /. Flatten[{opts}] /. Options[skelett]

In[97]:= **skelett[a]**

Out[97]= {a, vorgabe1, vorgabe2}

In[98]:= **skelett[a, a]**

Out[98]= skelett[a, a]

In[99]:= **skelett[a, {opt1 -> mein1, opt2 -> mein2}]**

Out[99]= {a, mein1, mein2}

Natürlich macht die Funktion skelett noch nichts Nützliches. In der Praxis wird man typischerweise in einem Modul in der obigen Art den aktuellen Wert der Optionen bestimmen und anschließend dementsprechend weiterfahren.

■ Übungen

• Gradient

Ergänzen Sie die Funktion grad aus den Übungen zum Abschnitt 3.2 derart, daß sie nur noch auswertet, wenn als zweites Argument eine Liste eingesetzt wird.

• Skalar- und Kreuzprodukt

Ergänzen Sie die in den Übungen zum Abschnitt 3.2 definierten Funktionen zur Berechnung von Skalar- und Kreuzprodukten so, daß sie nur noch für geeignete Eingaben ausgewertet werden.

• Integrator

Ergänzen Sie den Integrator von Abschnitt 4.2.4 um einige weitere Definitionen.

Durch Print-Befehle kann der Integrator so erweitert werden, daß bei jeder Anwendung einer Definition eine entsprechende Meldung geschrieben wird. Man faßt die rechte Seite der Definition mit runden Klammern zu einem zusammengesetzten Ausdruck zusammen:

```
meinIntegrator[y_ + z_, x_] :=
  (Print["Summenregel für ", y, " und ", z];
   meinIntegrator[y, x] + meinIntegrator[z, x])
```

Ergänzen Sie auf analoge Art alle Definitionen für meinIntegrator und verfolgen Sie die Auswertung einiger Beispiele.

Die Funktion kann noch weiter verfeinert werden, indem man eine Option zum Ein- und Ausschalten der Meldungen einführt (siehe obige Vertiefung). Dabei ist eine Verzweigung mit If nützlich.

■ 4.3 Auswertung

Mit diesen Vorkenntnissen können wir die Funktionsweise von *Mathematica* studieren. Dies wird uns helfen, die Rechnungen zielstrebig zu entwickeln und zu verstehen, weshalb *Mathematica* manchmal unerwartete Resultate liefert.

Wir beginnen mit dem Studium von assoziierten und mit Attributen versehenen Definitionen und betrachten dann den Ablauf der Auswertung von Ausdrücken.

■ 4.3.1 Assoziierte Definitionen

Definitionen sind a priori mit dem im Muster vorkommenden Kopf verknüpft. Bei Bedarf können sie aber auch zu einem in den Argumenten stehenden Kopf assoziiert werden. Dies hat unter anderem den Vorteil, daß sich auch gewisse Eigenschaften von eingebauten Funktionen ergänzen lassen.

Vielleicht möchten wir das Integral einer selbst definierten Funktion angeben:

```
In[100]:= Integrate[meineFunktion[x_], x_] =
            stammfunktionMeinerFunktion[x]
```

Set::write : Tag Integrate in $\int$ meineFunktion[x_] dx_ is Protected.

```
Out[100]= stammfunktionMeinerFunktion[x]
```

So geht es wegen des Schutzes (Attribut Protected) von Integrate nicht. (Im Prinzip könnten wir mit Unprotect den Schutz von Integrate entfernen und dann die Definition festlegen. Dies ist aber sehr gefährlich; eine falsche Definition macht den Integrator unbrauchbar.)

Weil sich die Definition ohnehin nur auf unsere Funktion bezieht, können wir sie aber mit dem / : Operator zu ihr assoziieren:

```
In[101]:= meineFunktion /: Integrate[meineFunktion[x_], x_] =
            stammfunktionMeinerFunktion[x]
```

```
Out[101]= stammfunktionMeinerFunktion[x]
```

```
In[102]:= Integrate[meineFunktion[y], y]
```

```
Out[102]= stammfunktionMeinerFunktion[y]
```

Eine Kurzschreibweise dafür ist ^= (und ^ : = für eine assoziierte, verzögerte Definition):

```
In[103]:= Integrate[meineFunktion[x_], x_] ^=
            stammfunktionMeinerFunktion[x]
```

```
Out[103]= stammfunktionMeinerFunktion[x]
```

■ 4.3.2 Attribute

Definitionen können auch mit *Attributen* versehen werden, um Eigenschaften wie Assoziativität, Kommutativität oder automatische Abbildung auf Listen festzulegen. Eine vollständige Liste der Attribute findet sich in der Dokumentation von Attributes. Mit dieser Funktion können wir sehen, daß Sin das Attribut Listable trägt.

```
In[104]:= Attributes[Sin]
```

```
Out[104]= {Listable, NumericFunction, Protected}
```

Es hat zur Folge, daß Sin automatisch auf die Elemente von Listen abgebildet wird.

In[105]:= **Sin[{0, Pi/4, Pi/2}]**

Out[105]= $\left\{0, \dfrac{1}{\sqrt{2}}, 1\right\}$

Unsere eigene Funktion verhält sich a priori nicht so.

In[106]:= **bildetSichNichtAb[{0, Pi / 4, Pi / 2}]**

Out[106]= $\text{bildetSichNichtAb}\left[\left\{0, \dfrac{\pi}{4}, \dfrac{\pi}{2}\right\}\right]$

In[107]:= **Attributes[bildetSichNichtAb]**

Out[107]= {}

Wir definieren in der folgenden Art eine Funktion, die sich automatisch auf Listen abbildet:

In[108]:= **SetAttributes[bildetSichAb, Listable]**

In[109]:= **bildetSichAb[{0, Pi / 4, Pi / 2}]**

Out[109]= $\left\{\text{bildetSichAb}[0], \text{bildetSichAb}\left[\dfrac{\pi}{4}\right], \text{bildetSichAb}\left[\dfrac{\pi}{2}\right]\right\}$

In[110]:= **Attributes[bildetSichAb]**

Out[110]= {Listable}

■ 4.3.3 Ablauf der Auswertung

Die Berechnung in *Mathematica* gliedert sich in drei Phasen:
1. Lesen der Eingabe und Umwandlung in die interne Form als Ausdruck.
2. Auswertung des Ausdrucks.
3. Ausgabeformatierung des Resultats.

Für uns ist nur die Auswertung des Ausdrucks von Interesse. Dabei werden alle eingebauten und benutzerdefinierten Transformationsregeln und Definitionen verwendet, um den Ausdruck umzuformen, bis sich nichts mehr verändert. *Mathematica* geht in folgender Reihenfolge vor:

2.1 Auswertung des Kopfes,
2.2 Auswertung jedes Elements, der Reihe nach,
2.3 Umordnung wegen der Attribute Flat (assoziativ) und Orderless (kommutativ),
2.4 Anwendung auf Listen (Attribut Listable),
2.5 benutzerdefinierte, zum Kopf eines Arguments assoziierte Definitionen,

2.6 eingebaute, zum Kopf eines Arguments assoziierte Definitionen,

2.7 benutzerdefinierte, zum Kopf des Ausdrucks gehörende Definitionen,

2.8 eingebaute, zum Kopf des Ausdrucks gehörende Definitionen.

Durch Mustererkennung wird bei den Schritten 2.5-2.8 geprüft, ob eine Regel paßt. Falls ja, so wird die rechte Seite der Definition eingesetzt und die Auswertung beginnt wieder von vorn.

Bei diesem Schema ist zu beachten, daß, nach Auswertung des Kopfes in Punkt 2.2, eine Rekursion eingeleitet wird. Dadurch wird ein Ausdruck schlußendlich von innen nach außen ausgewertet. Die Rekursion kommt in jedem Zweig des Baumes (`TreeForm`) bei den Atomen zum Stillstand: Zahlen, Zeichenketten (*strings*) und Symbole ohne Definitionen evaluieren zu sich selbst; bei einem Symbol mit Definition wird im Schritt 2.7 die rechte Seite der Definition ausgewertet.

Diese Standard-Auswertung kann verändert werden (siehe Kapitel 2.5.5 des *Mathematica* Buches), und einige eingebaute Funktionen müssen davon abweichen, um richtig zu funktionieren. Wir wollen aber hier nicht weiter darauf eingehen.

Mit `Trace` können wir die einzelnen Schritte bei der Auswertung eines Resultats verfolgen:

```
In[111]:= testFunktion[x_, y_] := Simplify[x^2 - y^2]

In[112]:= meineFunktion = testFunktion;

In[113]:= Trace[meineFunktion[Expand[(a + a + b)^2], a]]

Out[113]= {{meineFunktion, testFunktion},
           {{{a + a + b, 2 a + b}, (2 a + b)²}, Expand[(2 a + b)²],
           4 a² + 4 a b + b²}, testFunktion[4 a² + 4 a b + b², a],
           Simplify[(4 a² + 4 a b + b²)² - a²],
           {(4 a² + 4 a b + b²)² - a², -a² + (4 a² + 4 a b + b²)²},
           Simplify[-a² + (4 a² + 4 a b + b²)²], -a² + (2 a + b)⁴}
```

Wir sehen, wie zuerst der Kopf f1 zu `testFunktion` ausgewertet wird. Die Auswertung des ersten Arguments beginnt mit der Auswertung des Arguments von `Expand`, dann erfolgt das `Expand` selbst. Anschließend wird die Definition von `testFunktion` verwendet und deren rechte Seite ausgewertet.

■ Vertiefung

● Verzögerte Transformationsregeln

Neben den (sofortigen) Transformationsregeln mit $->$ oder $\rightarrow$ kennt *Mathematica* auch verzögerte. Man schreibt sie mit $:>$ oder $:\mapsto$. Analog zu den verzögerten Definitionen wird dann die rechte Seite erst nach dem Ersetzen des Musters ausgewertet.

```
In[114]:=  (a + b) ^ 2 /. x_ → Expand[x]
```

$$\text{Out[114]=} \quad (a + b)^2$$

```
In[115]:=  (a + b) ^ 2 /. x_ :→ Expand[x]
```

$$\text{Out[115]=} \quad a^2 + 2\,a\,b + b^2$$

Man kann also eine sofortige Definition als globale, sofortige Transformationsregel und eine verzögerte Definition als globale, verzögerte Transformationsregel auffassen.

● Mehrfache Anwendung von Transformationsregeln

Eine Transformationsregel wird mit $/.$ einmal angewandt. Für eine mehrfache Anwendung, bis sich nichts mehr ändert, verwendet man den $//.$-Operator. Der Unterschied wird in den folgenden zwei Ausdrücken deutlich (siehe auch Abschnitt 4.4.3).

```
In[116]:=  fac[5] /. {fac[0] -> 1, fac[n_] -> n fac[n - 1]}
```

```
Out[116]=  5 fac[4]
```

```
In[117]:=  fac[5] //. {fac[0] -> 1, fac[n_] -> n fac[n - 1]}
```

```
Out[117]=  120
```

● Hold

Einen Ausdruck wie $1+1$ können wir vorerst nicht in seiner vollen Darstellung sehen, weil gemäß dem Auswertungsschema bei einem

```
In[118]:=  FullForm[1 + 1]
```

```
Out[118]//FullForm=
           2
```

zuerst das Argument ausgewertet wird. Hier sind die Funktionen Hold und HoldForm nützlich, welche die Auswertung ihrer Argumente verhindern:

```
In[119]:=  Hold[FullForm[1 + 1]]
```

```
Out[119]=  Hold[Plus[1, 1]]
```

```
In[120]:=  HoldForm[FullForm[1 + 1]]
```

```
Out[120]=  Plus[1, 1]
```

■ Übungen

● Das Attribut `Orderless`

Studieren Sie die Dokumentation des Attributs `Orderless` und interpretieren Sie dann die Auswertung der folgenden Funktion:

```
SetAttributes[pr, Orderless]

pr[x___] := 1 /; Print[x]

pr[1, 2, 3]
```

● Anwendung von Transformationsregeln: Fibonacci-Zahlen

Die Fibonacci-Zahlen können rekursiv berechnet werden, indem man die nullte null und die erste eins setzt und die höheren jeweils als Summe der zwei vorhergehenden darstellt. Benutzen Sie Transformationsregeln, um die zehnte Fibonacci-Zahl zu ermitteln.

(Das funktioniert nur für kleine Zahlen, weil der Rechenaufwand rasch zunimmt. Siehe dazu Abschnitt 4.4.3.)

■ 4.4 Hilfsmittel für die Programmierung

Wir studieren nun die wichtigsten Hilfsmittel für die Programmierung. Dabei sehen wir, daß hier die Programmierung in verschiedenen Programmierstilen möglich ist. Oft ist in *Mathematica* der aus Sprachen wie C, Fortran oder Pascal bekannte prozedurale Stil weder der klarste noch der effizienteste.

■ 4.4.1 Lokale Variablen

Sobald man Programme weitergeben möchte, besteht die Gefahr von Kollisionen zwischen den Namen im Programm und den bei der Programmierung noch unbekannten Namen, welche der Benutzer oder die Benutzerin verwenden wird. In *Mathematica* gibt es zwei Mechanismen, um solche Namenskollisionen zu vermeiden. Auf der Ebene von Prozeduren oder Funktionen verwendet man meist den `Module`-Mechanismus für lokale Variablen. Auf der globalen Ebene, vor allem für die Namen der Funktionen selbst, kommt die Modularisierung zum Einsatz, welche wir weiter unten besprechen.

Die `Module`-Funktion besitzt zwei Argumente. Das erste ist eine Liste der lokalen Variablen, das zweite ein eventuell zusammengesetzter Ausdruck (eine Folge von mit Strichpunkten abgetrennten einzelnen Ausdrücken). Entgegen der Intuition trennen in *Mathematica* Kommas stärker als Strichpunkte.

Die folgende Funktion berechnet die Rotation eines Vektors in der Ebene um einen vorgegebenen Winkel φ. Damit die Berechnung der trigonometrischen Funktionen nur einmal erfolgen muß, führen wir zwei Hilfsvariablen ein.

```
In[121]:= rot2D[{x_, y_}, φ_] :=
            Module[{sinφ, cosφ},
                sinφ = Sin[φ];
                cosφ = Cos[φ];
                {{cosφ, -sinφ}, {sinφ, cosφ}}.{x, y}
            ]

In[122]:= rot2D[{1, 1}, Pi / 2]

Out[122]= {-1, 1}
```

Die lokalen Variablen können durch sofortige Definitionen schon bei ihrer Einführung initialisiert werden. Damit erhalten wir eine kompaktere Implementierung.

```
In[123]:= rot2D[{x_, y_}, φ_] := Module[{sinφ = Sin[φ], cosφ = Cos[φ]},
            {{cosφ, -sinφ}, {sinφ, cosφ}}.{x, y}]
```

Falls das Resultat einer `Module`-Funktion nicht am Ende berechnet wird, so kann es mit `Return` zurückgegeben werden.

Die mit `Module` verwandten Funktionen `With` und `Block` wollen wir hier nicht besprechen.

■ 4.4.2 Funktionale Programmierung

Mathematica ist für die funktionale Programmierung prädestiniert. Darunter versteht man die Verschachtelung von Funktionen, so, wie wir es, ohne weiter nachzudenken, in fast jeder Eingabezelle gemacht haben.

Viele nichtlineare Algorithmen bestehen im Kern aus der Suche nach einem Fixpunkt. Dabei wendet man die gleiche Funktion immer wieder auf das Resultat an, bis sich nichts mehr ändert. Ein schönes Beispiel dazu ist der *Newton*-Algorithmus zur Bestimmung von Nullstellen von Funktionen einer Variablen. Man startet bei einem beliebigen x-Wert und legt dort die Tangente an den Grafen der Funktion. Der Schnittpunkt mit der x-Achse ist dann die erste Approximation der Nullstelle.

Als Beispiel wählen wir die Funktion:

```
In[124]:= f[x_] = Cos[x²] - Sin[x];
```

Wir werden ihre Ableitung brauchen.

In[125]:= **fStrich[x_] = ∂ₓ f[x]**

Out[125]= $-Cos[x] - 2 x Sin[x^2]$

In[126]:= **Plot[f[x], {x, 0, 2}];**

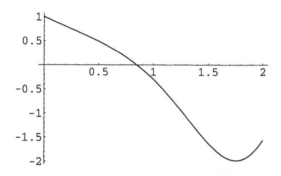

Sei der Startwert $x_0 = 1.6$. Die Tangente sieht damit folgendermaßen aus:

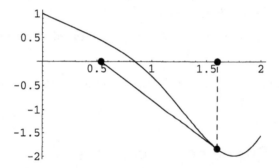

Der Schnittpunkt mit der Abszisse berechnet sich als $x_0 - \frac{f(x_0)}{f'(x_0)}$. Die zugehörige Reine Funktion ist:

In[127]:= **# - f[#] / fStrich[#] &**

Out[127]= $\#1 - \dfrac{f[\#1]}{fStrich[\#1]}$ &

Angewandt auf den Startwert, liefert sie:

In[128]:= **# - f[#] / fStrich[#] &[1.6]**

Out[128]= 0.538438

Mit diesem neuen Startwert verfährt man genau gleich, um die zweite Approximation der Nullstelle zu erhalten. Mit Ausnahme von pathologischen Fällen (horizontale Tangente,

Grenzzyklus) erhalten wir damit sehr rasch eine gute Approximation der Nullstelle. Für die mehrfach verschachtelte Anwendung einer Funktion verwenden wir Nest:

In[129]:= **Nest[g, x, 5]**

Out[129]= g[g[g[g[g[x]]]]]

NestList liefert uns auch noch alle Zwischenresultate:

In[130]:= **NestList[g, x, 3]**

Out[130]= {x, g[x], g[g[x]], g[g[g[x]]]}

Statt g setzen wir nun einfach unsere Reine Funktion ein, und schon ist die Sache programmiert:

In[131]:= **NestList[# - f[#] / fStrich[#] &, 1.6, 5]**

Out[131]= {1.6, 0.538438, 0.920372, 0.853035, 0.849379, 0.849369}

Bei den Funktionen FixedPointList und FixedPoint brauchen wir uns nicht einmal um das Abbruchkriterium zu kümmern:

In[132]:= **FixedPointList[# - f[#] / fStrich[#] &, 1.6]**

Out[132]= {1.6, 0.538438, 0.920372, 0.853035,
                0.849379, 0.849369, 0.849369, 0.849369}

In[133]:= **FixedPoint[# - f[#] / fStrich[#] &, 1.6]**

Out[133]= 0.849369

Unter Verwendung von lokalen Variablen könnte man den Newton-Algorithmus also folgendermaßen ausprogrammieren:

In[134]:= **Clear[f, fStrich]**

In[135]:= **meinNewton[f_, {x_, x0_}] := Module[{fStrich = ∂_x f},**

$$\textbf{FixedPoint} \left[\# - \frac{\textbf{f}}{\textbf{fStrich}} \ \textbf{/. x} \rightarrow \# \ \&, \ \textbf{N[x0]} \right] \right]$$

In[136]:= **meinNewton[Cos[x^2] - Sin[x], {x, 1.6}]**

Out[136]= 0.849369

Die Funktionen FoldList, MapIndexed und ComposeList erlauben sogar Iterationen über Listen:

In[137]:= **FoldList[f, x, {a, b, c}]**

Out[137]= {x, f[x, a], f[f[x, a], b], f[f[f[x, a], b], c]}

In[138]:= **MapIndexed[f, {a, b, c}]**

Out[138]= {f[a, {1}], f[b, {2}], f[c, {3}]}

In[139]:= **ComposeList[{f1, f2, f3}, x]**

Out[139]= {x, f1[x], f2[f1[x]], f3[f2[f1[x]]]}

■ 4.4.3 Regelbasierte Programmierung

Wir haben beim Integrator von Abschnitt 4.2.4 ein hübsches Beispiel für regelbasierte Programmierung kennengelernt. Sie erlaubt das Programmieren, indem man Definitionen für geeignete Muster einfach auflistet. *Mathematica* ordnet diese automatisch so, daß die spezifischen vor den allgemeinen zur Anwendung kommen. Dies erlaubt die folgende rekursive Programmierung für die Fakultätsfunktion:

In[140]:= **fakultät[n_Integer?NonNegative] := n fakultät[n - 1]**

In[141]:= **fakultät[0] = 1;**

In[142]:= **fakultät[10]**

Out[142]= 3628800

Mit

In[143]:= **? fakultät**

   Global`fakultät

   fakultät[0] = 1

   fakultät[(n_)?(#1 >= 0 && IntegerQ[#1] &)] = n!

   fakultät[(n_Integer)?NonNegative] := n * fakultät[n - 1]

überzeugen wir uns davon, daß, trotz der umgekehrten Reihenfolge beim Einlesen, die Abbruchbedingung zuerst getestet wird – und der Algorithmus damit terminiert.

Bei großen Rekursionen gelangt man an eine eingebaute Sicherheitsgrenze.

In[144]:= **fakultät[300]**

Out[144]= 30605751221644063603537046129726862938858880417357699941677607
41259476533176716867465515291422477573349939147888701726360
88642639077590031542268429279069745598412254769302719546040
08012215776252176854255965356903506788725264321896264299365
20457644883038890975394348962543605322598077652127082243763
94491201286786753683057122936819436499564604981664502277165
00185176546469340112226034729724066333258583506870150169794
16885035375213755491028912640715715483028228493795263658014
52352331569364822334367992545940952768206080622328123873838
80817049600000000000000000000000000000000000000000000000000
00000000000000000000000000

Falls sichergestellt ist, daß die Rekursion terminiert, so kann die Grenze durch Verändern der globalen Variablen $RecursionLimit vergrößert (und sogar auf Infinity gesetzt) werden.

In[145]:= **$RecursionLimit = 10^3;**

In[146]:= **fakultät[300]**

Out[146]= 30605751221644063603537046129726862938858880417357699941677607
41259476533176716867465515291422477573349939147888701726360
88642639077590031542268429279069745598412254769302719546040
08012215776252176854255965356903506788725264321896264299365
20457644883038890975394348962543605322598077652127082243763
94491201286786753683057122936819436499564604981664502277165
00185176546469340112226034729724066333258583506870150169794
16885035375213755491028912640715715483028228493795263658014
52352331569364822334367992545940952768206080622328123873838
80817049600000000000000000000000000000000000000000000000000
00000000000000000000000000

Ein weiteres Beispiel sind die Fibonacci-Zahlen. Sie sind rekursiv definiert durch:

In[147]:= **fib1[0] = 0;**
fib1[1] = 1;
fib1[n_Integer?NonNegative] := fib1[n - 1] + fib1[n - 2]

In[150]:= **fib1[6]**

Out[150]= 8

Diese Implementierung ist aber sehr rechenaufwendig, weil auf der rechten Seite der Definition bei jedem Summanden neue Rekursionen starten. Damit werden dieselben Werte sehr oft unabhängig voneinander ausgerechnet, und der Rechenaufwand nimmt exponentiell zu. Die folgende Variante vermindert ihn enorm, indem sie durch die sofortige Definition alle berechneten Werte dynamisch abspeichert:

```
In[151]:=  fib2[0] = 0;
           fib2[1] = 1;
           fib2[n_Integer?NonNegative] :=
            fib2[n] = fib2[n - 1] + fib2[n - 2]
```

```
In[154]:=  fib2[6]
```

```
Out[154]=  8
```

```
In[155]:=  ? fib2
```

```
           Global`fib2

           fib2[0] = 0

           fib2[1] = 1

           fib2[2] = 1

           fib2[3] = 2

           fib2[4] = 3

           fib2[5] = 5

           fib2[6] = 8

           fib2[(n_Integer)?NonNegative] := fib2[n] = fib2[n - 1] + fib2[n - 2]
```

Die Effizienz der beiden Varianten unterscheidet sich dramatisch. (Gerechtigkeitshalber müssen die schon berechneten Werte von fib2 zuerst gelöscht werden.)

```
In[156]:=  Clear[fib2];
           fib2[0] = 0;
           fib2[1] = 1;
           fib2[n_Integer?NonNegative] :=
            fib2[n] = fib2[n - 1] + fib2[n - 2]
```

```
In[160]:=  Timing[fib1[26]]
```

```
Out[160]=  {17.5333 Second, 121393}
```

```
In[161]:=  Timing[fib2[26]]
```

```
Out[161]=  {0.0166667 Second, 121393}
```

Im folgenden Abschnitt besprechen wir eine prozedurale Implementierung, welche die Effizienz weiter steigert, aber die Lesbarkeit vermindert.

■ 4.4.4 Prozedurale Programmierung

Für die prozedurale Programmierung stehen in *Mathematica* die Verzweigungen If, Which, Switch und die Schlaufen Do, While, For zur Verfügung. Do und While können nützlich sein; die For-Schlaufe ist eine Konzession an C-Programmierer.

If kann zwei bis vier Argumente verarbeiten: If[*bedingung*,*fallsTrue*,*falls-False*,*sonst*].

```
In[162]:= Table[If[PrimeQ[n], n, FactorInteger[n]], {n, 2, 10}]
```

```
Out[162]= {2, 3, {{2, 2}}, 5, {{2, 1}, {3, 1}},
          7, {{2, 3}}, {{3, 2}}, {{2, 1}, {5, 1}}}
```

Die Variante *sonst* ist nützlich, falls eine Testfunktion nicht in allen Fällen zu True oder False auswertet:

```
In[163]:= If[NonNegative[#], "nichtnegativ",
            "negativ", "unbestimmt"] & /@ {-1, 0, 1, a}
```

```
Out[163]= {negativ, nichtnegativ, nichtnegativ, unbestimmt}
```

Which verarbeitet eine gerade Anzahl Argumente, wobei immer auf einen Test das Resultat folgt, welches zurückgegeben werden soll, falls der Test True ergibt. Die Tests werden von links nach rechts abgearbeitet, bis zum ersten True.

Wir betrachten die Funktion

```
In[164]:= unterscheidung[x_] = Which[x < 0, 0, x < 1, 1, x < 2, 2];
```

und werten sie für die Elemente der folgenden Liste aus:

```
In[165]:= unterscheidung/@{-.5, .5, 1.5, 2.5}
```

```
Out[165]= {0, 1, 2, Null}
```

Werte ≥ 2 sind nicht vorgesehen. Which liefert dann das Symbol Null. Wir können solche Ausnahmen abfangen, indem wir als letzten Test True einsetzen – damit ist er immer True.

```
In[166]:= unterscheidung[x_] =
            Which[x < 0, 0, x < 1, 1, x < 2, 2, True, "außerhalb"];
```

In[167]:= **unterscheidung/@{-.5, .5, 1.5, 2.5}**

Out[167]= {0, 1, 2, außerhalb}

Switch testet einen gegebenen Ausdruck auf Muster. Nach dem Ausdruck folgen Paare von Mustern und zugehörigen Resultaten. Hier können die Ausnahmen mit einem Blank aufgefangen werden.

In[167]:= **mustererkennung[x_] :=**
        Switch[x, _^2, "quadratisch", _^3, "kubisch", _, "anders"]

In[168]:= **mustererkennung /@ {a, a^2, a^3, a^6}**

Out[168]= {anders, quadratisch, kubisch, anders}

Do ist analog zu Table, außer, daß es kein Resultat erzeugt. Wir veranschaulichen die Funktionsweise mit dem Print-Befehl.

In[169]:= **Do[Print[1 / x], {x, 5}]**

1

$\dfrac{1}{2}$

$\dfrac{1}{3}$

$\dfrac{1}{4}$

$\dfrac{1}{5}$

Das folgende kleine Programm berechnet die Fibonacci-Zahlen mit einer Do-Schlaufe, indem man bei den kleinsten beiden beginnt und gemäß der Definition die höheren ausrechnet. Durch das Rechnen mit Listen ersparen wir uns die Umlagerung der lokalen Variablen. Dieses Programm ist punkto Speicher- und Rechenaufwand effizienter als das rekursive. Auf der anderen Seite ist beim rekursiven Programm sofort klar, was es tut, während man hier doch einen Moment darüber nachdenken muß.

In[170]:= **fib3[n_] := Module[{fn1 = 0, fn2 = 1},**
        Do[{fn1, fn2} = {fn1 + fn2, fn1}, {n}];
        fn1]

In[171]:= **fib3[200]**

Out[171]= 280571172992510140037611932413038677189525

Es gibt noch schnellere Algorithmen zur Berechnung der Fibonacci-Zahlen. Die einge-baute Funktion Fibonacci verwendet einen solchen.

Die While-Funktion hat als erstes Argument einen Test und als zweites einen zusammen-gesetzten Ausdruck (durch Strichpunkte getrennte einzelne Ausdrücke). Hier können die verschiedenen Möglichkeiten zur Manipulation von Iterationsvariablen (siehe Abschnitt 2.4.4 des *Mathematica*-Buches) nützlich sein, zum Beispiel ++.

In[172]:= **Module[{n = 1, t}, t = n; While[n <= 4, t = x + 1 / t; n++]; t]**

Out[172]= $x + \dfrac{1}{x + \dfrac{1}{x + \frac{1}{1+x}}}$

Falls unvermeidbar, so läßt sich der Programmfluß mit Return, Continue, Break, Catch/Throw kontrollieren.

■ 4.4.5 Modularisierung

Für den Entwickler oder die Entwicklerin eines *Mathematica*-Programms stellt sich das Problem von Namenskollisionen nicht nur auf der Ebene von Hilfsgrößen (welche mit Module lokalisiert werden können), sondern auch für die Funktionsnamen selbst. Es ist ja durchaus möglich, daß ein anderes Programm genau denselben Namen für eine Funktion verwendet. Deshalb setzt *Mathematica* jeden Namen in einen sogenannten *Kontext*, und beim Laden von Paketen werden die vom Paket exportierten Namen in einen zum Paket gehörenden Kontext gesetzt.

Kontextnamen sind mit Grave-Akzenten (`` ` ``) bezeichnet und hierarchisch organisiert. Falls zuerst ein `` ` `` steht, sind sie relativ zu verstehen. Zwei Kontexte sind vorgegeben:
• Global` enthält alle in einer Sitzung eingeführten Namen, welche nicht explizit in einen anderen Kontext gesetzt sind,
• System` enthält die im Kern eingebauten Namen.

Die Funktion Context zeigt den Kontext eines Namens:

In[173]:= **Context[x]**

Out[173]= Global`

In[174]:= **Context[Integrate]**

Out[174]= System`

Wir können den Namen x im Kontext meinKontext einführen. Er unterscheidet sich damit von einem x im Kontext Global`:

In[175]:= **meinKontext`x - x**

Out[175]= $-x + \text{meinKontext`x}$

Ein *Mathematica*-Paket muß nun die beiden Klammern `BeginPackage-EndPackage` und `Begin-End` so verwenden, daß beim Einlesen die exportierten Namen in den eigenen Kontext des Pakets und die verborgenen Namen in einen privaten Unterkontext des Pakets gesetzt werden. Am besten verwendet man die folgende Schablone:

```
BeginPackage["PackageName`", {"Needed1`", "Needed2`", …}]

Funktion1::usage = "Funktion1[x] berechnet…"

…

Begin["`Private`"]

hilfsvariable = …

Funktion1[x_] := …

…

End[]

EndPackage[]
```

Dabei steht `PackageName`` für den Kontextnamen des Pakets. Gemäß einer Konvention sollte die zugehörige `.m`-Datei (siehe unten) den Namen `PackageName.m` tragen.

Die Liste der Kontextnamen `{"Needed1`", "Needed2`", …}` braucht man nur, falls das Paket auf anderen Paketen basiert, welche automatisch mitgeladen werden sollen. Ansonsten kann sie weggelassen werden.

Zwischen `BeginPackage` und `Begin` müssen die Dokumentationen der exportierten Funktionen stehen. Sie können nach dem Laden des Pakets mit `?Funktion1` abgerufen werden. Für jeden exportierten Namen (`Funktion1`) definiert man eine »Usage« (`Funktion1::usage`) als Zeichenkette, welche die Dokumentation enthält.

Mit dem `Begin` wird ein privater Unterkontext eröffnet, in dem man problemlos auch verborgene Hilfsvariablen (`hilfsvariable`) einführen kann. Weil beim Laden der Kontextname des Pakets (`PackageName``) eindeutig sein sollte, kann der Unterkontext immer mit ``Private`` bezeichnet werden.

Den Abschluß bilden die beiden End-Ausdrücke.

Üblicherweise wird man das Paket in Form eines formatierten Notebooks weitergeben, das auch Beispiele enthält. Damit alles richtig funktioniert, müssen die eigentlichen Definitionen, also alle Input-Zellen zwischen `BeginPackage` und `EndPackage`, als Initialisierungszellen ausgezeichnet sein (Menü **Cell > Cell Properties > Initialization Cell**). Beim Abspeichern wird man dann gefragt, ob man die Initialisierungszellen in einer Package-Datei ablegen möchte. Man drückt den Knopf **Create Auto Save Package** und erzeugt damit eine Datei `PackageName.m`, welche in der üblichen Weise mit `<<Package-Name\`` eingelesen werden kann. Änderungen in der Notebook-Datei werden automatisch in der Package-Datei nachgeführt. Beide Dateien legt man am besten im Verzeichnis `Applications` oder `Autoload` an. Diese Verzeichnisse sind Unterverzeichnisse von `AddOns` im Installationsverzeichnis von *Mathematica*. Falls man auf diese Verzeichnisse keinen Zugriff hat, so wählt man zum Beispiel das persönliche »Home«-Verzeichnis. Dann wird die Datei sicher gefunden und im Fall von `Autoload` sogar beim Aufstarten eines Kernels automatisch geladen.

Natürlich konzipiert man sowohl die Namen als auch die Argumente von exportierten Funktionen analog zu ähnlichen *Mathematica*-Funktionen. Damit erleichtert man die Arbeit der Benutzerschaft des Pakets.

■ 4.4.6 Kompilation von numerischen Rechnungen

Mit der `Compile`-Funktion kann die Effizienz von numerischen Rechnungen gesteigert werden. Die Argumente von `Compile` sind analog zu `Function` (siehe den Abschnitt über Reine Funktionen), wobei zusätzlich auch noch die Typen der Argumente festgelegt werden können.

Die folgende Rechnung wird durch Kompilation um etwa den Faktor 4 beschleunigt. Wir kompilieren zuerst den zu berechnenden Ausdruck.

In[176]:= **kompilat = Compile$\left[x, \ \dfrac{1 + x + x^2}{2 + x - 5\,x^2 - x^3} \right]$**

Out[176]= CompiledFunction$\left[\{x\}, \ \dfrac{1 + x + x^2}{2 + x - 5\,x^2 - x^3}, \ \text{-CompiledCode-} \right]$

Dieses Objekt kann wie eine Reine Funktion auf ein Argument angewendet werden.

In[177]:= **kompilat[1.5]**

Out[177]= -0.426966

Für den Vergleich mit der unkompilierten Variante wiederholen wir die Berechnung einige Male.

In[178]:= **Timing[Do[kompilat[1.5], {10000}]]**

Out[178]= {0.266667 Second, Null}

In[179]:= **Timing$\left[\text{Do}\left[\dfrac{1 + 1.5 + 1.5^2}{2 + 1.5 - 5\,1.5^2 - 1.5^3},\ \{10000\}\right]\right]$**

Out[179]= {1.25 Second, Null}

Für komplexe Argumente würde die Kompilation so aussehen:

In[180]:= **kompilatKomplex = Compile$\left[\{\{\mathbf{x},\ \_\mathbf{Complex}\}\},\ \dfrac{1 + x + x^2}{2 + x - 5\,x^2 - x^3}\right]$**

Out[180]= CompiledFunction$\left[\{x\},\ \dfrac{1 + x + x^2}{2 + x - 5\,x^2 - x^3},\ \text{-CompiledCode-}\right]$

In[181]:= **kompilatKomplex[2. + 3. I]**

Out[181]= -0.114217 + 0.099489 I

■ Übungen

• Newton

Die Anwendung des Newton-Algorithmus auf das Polynom $x^2 - 3$ liefert eine Approximation für $\sqrt{3}$. Programmieren Sie sie zuerst funktional und dann prozedural aus!

• Fibonacci-Zahlen

Programmieren Sie die Berechnung der Fibonacci-Zahlen mit Hilfe eines Algorithmus welcher nicht (wie fib3) mit Listen arbeitet.

Vergleichen Sie die Rechenzeiten der verschiedenen Programmvarianten. Beachten Sie dabei, daß die rekursive Implementation fib2 alle berechneten Werte abspeichert. Vor einem Vergleich müssen sie also gelöscht werden.

• Paket

Schreiben Sie ein Paket, welches die Funktionen zur Gradientenberechnung (Aufgabe zu Abschnitt 3.2) definiert und exportiert. Verwenden Sie hier den groß geschriebenen Namen Grad, weil die Funktion ja schlußendlich von anderen Leuten benutzt werden und deshalb wie eingebaute Funktionen aussehen soll (Gradient ist schon durch eine Option von FindMinimum besetzt).

• Übersetzen

Falls Sie eine kleine Programmierübung für eine prozedurale Sprache zur Hand haben, so versuchen Sie doch, diese in *Mathematica* zu lösen. Überlegen Sie sich, ob ein funktionaler oder ein regelbasierter Algorithmus auch möglich wäre!

■ 4.5 Weitere Informationen

■ 4.5.1 World Wide Web

Die Web-Seite von Wolfram Research (http://www.wolfram.com/), der Firma hinter *Mathematica*, ist einen Besuch wert. Dort findet man unter anderem aktuelle Informationen zum Programm und FAQs (Frequently Asked Questions). Mit vielen Problemen ist man nicht alleine. Deshalb sind die meisten mit ihrer Lösung schon als FAQ abrufbar. Vor einer Meldung an support@wolfram.com (Lizenznummer `$LicenseID`, Version `$Version` und Betriebssystem angeben) sollte immer die FAQ-Seite konsultiert werden.

In der Usenet-Konferenz comp.soft-sys.math.mathematica, unterhalten sich Anfänger und Experten über *Mathematica*. Sie ist unabhängig von Wolfram Research.

■ 4.5.2 MathSource

Wolfram Research unterhält unter der URL http://www.mathsource.com/ auch einen Server mit Software zu *Mathematica*. Hier findet man Notebooks und Pakete zu verschiedenen Anwendungsbereichen. Die meisten sind *public domain*, also gratis benutzbar.

■ 4.5.3 Literatur

Die Literatur zu *Mathematica* wächst schnell und umfaßt momentan über hundert Bücher (siehe http://www.wolfram.com/ > Products & Store > *Mathematica* Bookstore). Die folgende Liste umfaßt nur die wichtigsten deutschsprachigen Bücher, geordnet nach Erscheinungsjahr. Nur die neuesten Bücher beziehen sich auf Version 3 des Programms. Das erste ist die »Bibel«, das heißt die gedruckte und deutsche Version des im *Help Browser* verfügbaren Buches.

Stephen Wolfram: **Das *Mathematica* Buch**, 3. Auflage (Addison-Wesley Longman, 1997)

Michael Kofler: ***Mathematica*: Einführung, Anwendung, Referenz Version 3** (Addison-Wesley Longman, 1998)

Marie-Luise Hermann: ***Mathematica*: Eine beispielorientierte Einführung Version 3** (Addison-Wesley, 1997)

Christian Jacob: **Principia Evolvica: simulierte Evolution mit *Mathematica*** (dpunkt, 1997)

Robert Kragler: **Problemlösungen für Ingenieure** (Addison-Wesley, 1997)

Jens-Peer Kuska: *Mathematica* **und C in der modernen Theoretischen Physik mit Schwerpunkt Quantenmechanik** (Springer, 1997)

James M. Feagin: **Methoden der Quantenmechanik mit** *Mathematica* (Springer-Verlag, 1995)

Richard J. Gaylord, Samuel N. Kamin und Paul R. Wellin: **Einführung in die Programmierung mit Mathematica** (Birkhäuser, 1995)

Carsten Herrmann: *Mathematica*: **Probleme, Beispiele, Lösungen** (International Thomson Publishing, 1995)

W. Strampp und V. Ganzha: **Differentialgleichungen mit** *Mathematica* (Vieweg, 1995)

Oliver Gloor, Beatrice Amrhein und Roman Maeder: **Illustrierte Mathematik: Visualisierung von mathematischen Gegenständen** (BirCom/Birkhäuser, 1994)

Alfred Gray: **Differentialgeometrie: klassische Theorie in moderner Darstellung** (Spektrum Akademischer Verlag, 1994)

Jochen Kripfganz und Holger Perlt: **Arbeiten mit** *Mathematica*: **Eine Einführung mit Beispielen** (Hanser, 1994)

Ralph Schaper: **Grafik mit** *Mathematica* (Addison-Wesley, 1994)

Gerd Baumann: *Mathematica* **in der Theoretischen Physik** (Springer, 1993)

Nancy Blachman: *Mathematica* **griffbereit, Version 2** (Vieweg, 1993)

Werner Burkhardt: **Erste Schritte mit** *Mathematica* (Springer, 1993)

Elkedagmar Henrich und Hans-Dieter Janetzko: **Das** *Mathematica* **Arbeitsbuch** (Vieweg, 1993)

Roman Maeder: **Informatik für Mathematiker und Naturwissenschaftler: Eine Einführung mit** *Mathematica* (Addison-Wesley, 1993)

Ernst H.K. Stelzer: *Mathematica*: **Ein systematisches Lehrbuch mit Anwendungsbeispielen** (Addison-Wesley, 1993)

Stan Wagon: *Mathematica* **in Aktion** (Spektrum Akademischer Verlag, 1993)

Stephan Kaufmann: *Mathematica* **als Werkzeug: Eine Einführung mit Anwendungsbeispielen** (Birkhäuser, 1992)

■ Sachverzeichnis

Mathematica-Objekte sind in **fetter Courier-Schrift**, Dateinamen in normaler Courier-Schrift, Menü-Befehle und Elemente des *Help Browsers* **fett** gesetzt.